江南文化史研究丛书

梅新林 陈玉兰 主编

江南服饰史

刘 文 著

上海古籍出版社

浙江省社会科学重点研究基地浙江师范大学
江南文化研究中心重大项目系列成果

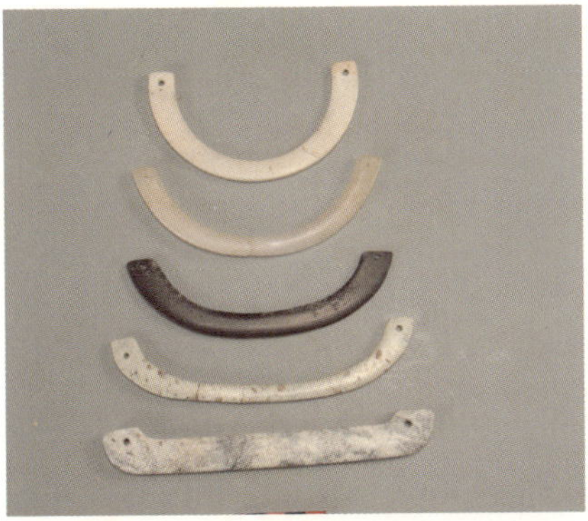

组玉璜，一组5件，新石器时代马家浜文化玉器（张家港东山村遗址出土，张家港博物馆提供）

野猪獠牙组合冠饰（海盐龙潭港良渚文化遗址出土，海盐县博物馆提供）

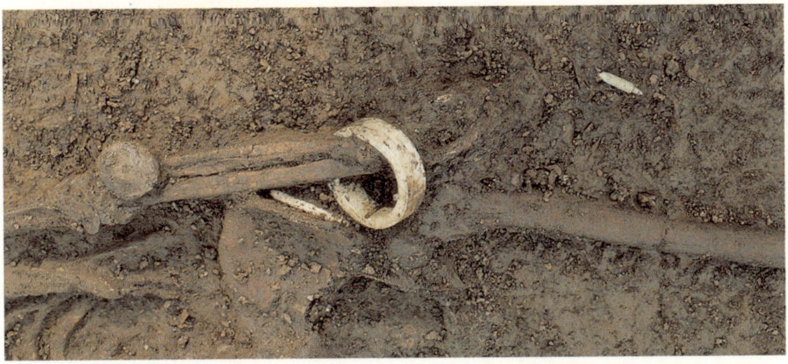

浙江嘉兴凤桥高墩遗址M9套戴在墓主人左手腕骨上的玉镯（嘉兴博物馆提供）

嘉兴大坟遗址出土玉串饰
（嘉兴博物馆提供）

玉三叉型器（桐乡姚家山
遗址出土，桐乡市博物馆
提供）

鹿角靴形器（海盐龙潭港良渚文化遗址出土，海盐县博物馆提供）

春秋 绿松石嵌饰（苏州博物馆收藏，郭友南摄）

战国 原始瓷龙形佩（萧山博物馆提供）

汉代 玉剑饰（桐乡河山大坟墩遗址出土，桐乡市博物馆提供）

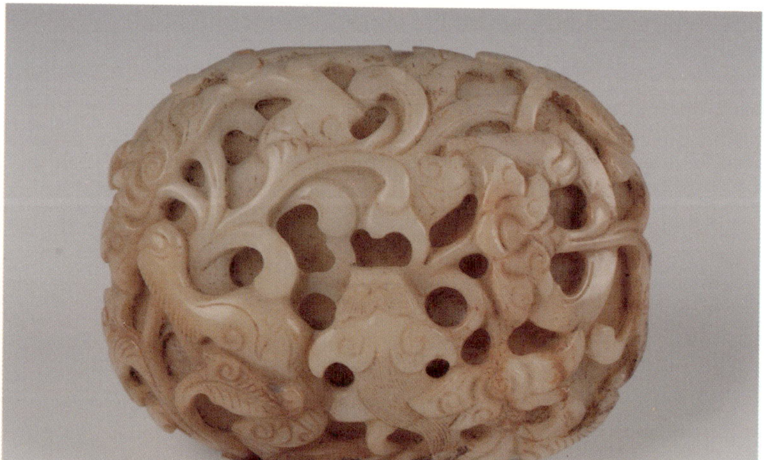

明代 浮雕螭纹玉带扣（平湖市博物馆提供）

明代 金饰件（凤凰镇出土，张家港博物馆提供）

明代 金饰件一套（凤凰镇出土，张家港博物馆提供）

明代 金凤冠（杨舍镇出土， 张家港博物馆提供）

明代 玉带钩（桐乡市博物馆提供）

清代 缂丝龙袍（南京博物院提供）

清末 江南民间对襟褂（江南大学民间服饰传习馆提供）

清末 江南民间绣花裙（江南大学民间服饰传习馆提供）

清代 江南民间服饰绣品（江南大学民间服饰传习馆提供）

清末 云龙八宝寿山福海纹妆花缎吉服袍料
（局部 南京云锦研究所有限公司提供）

民国 明黄地八吉凤莲纹妆花缎（南京云锦研究所有限公司提供）

民国 女式冬款袄衫（江南大学民间服饰传习馆提供）

20世纪20年代 普蓝底花旗袍（宁波服装博物馆提供）

苏州甪直水乡妇女服饰形象（甪直水乡妇女服饰博物馆收藏，郭友南摄）

缫土丝（张新根摄）

开绵兜（张根荣摄）

打绵线（张新根摄）

织绵绸（张根荣摄）

总　　序

成立于2006年的浙江省社会科学重点研究基地——浙江师范大学江南文化研究中心(下文简称“中心”)历经十年的建设,在组织、联合校内外专家对江南文化精神、江南文化人物、江南文化遗产、江南文化成果做了大量的理论探讨、文献整理、个案研究之后,意欲继续以“江南”为范域,以“文化史”研究为主题,分专题梳理江南重要文化现象、文化成果的发生背景、发展历程,阐发其曾有的历史影响、探究其可能的现实作用,以系列研究成果的形式总结文化江南的历史经验以供当下取鉴,故继《两浙文学与文化研究丛书》、《江南文化世家研究丛书》、《江南城市与社会研究丛书》以及浙东学术文献整理书系之后,又推出另一重大研究项目的系列成果——《江南文化史研究丛书》。

一

虽然已有系列成果在先,但作为丛书的总序,似乎仍无法回避这样的问题:何处是江南?何物是江南?为何是江南?

所谓江南,就语词概念而言,既是地理方位,也是行政区划,更是意象空间,有三重互有交融的意涵;就空间范围而言,有大江南、中江南、小江南三种广狭不同的指向;就其地位和影响而言,从魏晋之前江南之江南,到南宋之后中国之江南,再到近现代以来世界之江南,经历了三个阶段不断迈进、超越的过程。而此丛书的取域范围、研究对象，仍然延续我们在《江南文化世家研究丛书·总序》中对江南的界定，重点研究以中江南——包括浙江省和上海市之全部以及江苏和安徽两省的长江以南部分地区为限的、以环太湖流域的小江南为核心的、大体接近于传统的“江东”、“江左”那片区域的文明成果；研究她在中华文化总体格局中的地位，并上溯早期渊源、下探现代进程和未来走势；也就是说，研究以小江南为核心的中江南地区在世界文明观照下的中华文化史定位。

的确，江南是一方神奇的水土，生息着极富创造力的先民，拥有光辉灿烂的文化，是中华文化极富魅力的标志。

由自然地理的江河间隔，区别人文地理的南北差异，这在我国，由来已久。《诗经·小雅·四月》就有“滔滔江汉，南国之纪”的天然分割，近世龚自珍《己亥杂诗》更有“黄河女直徙南东，我道神功胜禹功。安用迂儒谈故道，犁然天地划民风”的犁然界划，这些正说明大江大河在界别南北自然地理与人文地理方面的天然功能。

而长江之南正是人才汇聚之地。以界跨南北的江苏省为例，从前江苏境内有八府三州，这八府三州所处的地理位置，可以分作三个流域：长江流域、太湖流域、淮河流域。三个流域风土不同，人文殊异。长江流域有江宁、镇江、扬州、通州所领各县；太湖流域有苏州、松江、常州、太仓所领各县；淮河流域有淮安、徐州、海州所领各县。1934年，当时的国民政府曾通令各省分别评选本省历代“有益于国家民族与人伦政治经济”的乡贤，江苏省经章太炎等严格筛选拟定的40位“乡贤”中，长江流域8人，太湖流域26人，淮河流域6人①。产自不同流域的精英们

① 参见《江苏青年的典型》一文，见1935年《江苏研究》。

数量上的对比及特质上崇文尚武的区别，正表明地理环境对人心性气质的不容轻忽的影响。以环太湖流域为核心的江南正是文化精英之渊薮。

“南为天之阳，其人多文明。精神得日月，变怪成文章”①，清初明遗民屈大均的诗句虽烙有时代的印痕，带有鲜明的民族主义倾向，但这类带着强烈感情偏向的诗句在传世文献中比比皆是。梁启超曾说：“数千年南北相竞之大势，即中国历史之荣光，亦中国地理之骨相也。”②可见中华民族的历史是南北文化的竞争史，而崇南喜阳的论议，往往有更多的拥趸，比如吕思勉的《南强篇》等③。“关河萧索暮云酣，流落乡心太不堪。书剑尚存君且住，世间何物是江南。”吴伟业的《偶成》昭示着这样一种信念：任世间风雨飘摇，江南都云淡风轻。江南是亘古以来书剑飘零之士歆慕、崇尚、向往之地，是他们的灵魂栖息之地，文人遍布载籍的江南情结是对江南区域文化由衷认同的表现。

在倡导文化多元的时代，我们实无意于对南北文化作孰优孰劣的判断，也无意于表明或褒或贬的立场，但不得不承认，南人创造了迥异于北方的文化。哲学思想的北儒南庄之别（王国维），南北学派的喜浪漫和重实用之分（刘师培），书之北碑南帖、画之南宗北派、禅之北渐南顿，以及人格精神上北人崇政治伦理而南人尚诗性审美、北人崇农耕守成而南人尚经商开拓、北人崇执著规范而南人尚自由通达、北人文心质朴而南人诗风飘逸等对比，虽没有价值高下之分，却明显地呈现出两极对立，在在显示出南北文化各具特色。作为南方文化之核心区的江南，创造

---

① 屈大均：《送梁药亭北上》，《翁山诗外》卷二，清宣统二年（1910）上海国学扶轮社刊本。

② 见《饮冰室文集全编》卷十二，上海会文堂书局 1932 年刊本。

③ 见《民国丛书》第五编第 38 册《吴越文化论丛》，上海书店 1996 年版。

了丰富而又独具特色的物质文明、精神文明，有着深厚的思想资源、文化积淀，自南宋以后占据了全国文化中心的地位，近现代以来更是南风北渐，并且跨国传播，有着广泛的影响。江南文化是中国文化版图的重要构成部分，江南文化史在中华文明史长河中作为主干之一，有众流归向的意义，值得我们重点加以审视。

二

目前江南文化研究园地乱花迷眼，生机无限。一种文化的生命力是很能从受世人的关注程度上获得说明的。据浙江省高校图书馆联合目录检索显示，目前，浙江省高校图书馆藏书中主标题含“长江”的专书 2 574 种，含“黄河”的 2 562 种，含“江南”的 1 882 种，含“中原”的 1 224 种，含“岭南”的 1 219 种，含“蜀”的 1 008 种，含“赣”的 755 种，含“楚”的 471 种，含“闽”的 290 种，虽然这些专书并不一定完全以文化探讨为内容，但“文化”终究是一个很宽泛的概念，这些统计数据能够部分说明出版界、学术界、读者群的着眼点和兴趣所在，也能够部分说明这些区域文化的当代价值和研究意义。在这里，人们对长江、黄河的关注度貌似比江南、中原为高，但其实众所周知长江流域、黄河流域和江南、中原是有涵盖关系的，后者对前者就地域空间而言虽只是一个小小的组成部分，而就文化版图而言，却是主体要素；“长江”类书系中不管哪一部，江南一般是不可或缺的主题。江南文化之为人所重，还体现在，在这个经济发达、社会稳定的区域，她的各个组成部分都具有极强的文化气场。若仍以上述办法进行统计，则浙江省高校图书馆藏书标题含“沪”的专书有 2 818 种，含“浙”的 1 630 种……江南文化笼盖了吴文化、越文化、海派文化，并且又以其轻柔曼妙、浓淡相宜的神韵而超乎三者之上，使吴越文化虽涵容于江南文化之中却不能取江南文化而代之。总而言之，江南社会、政治、经济、文学、艺术、宗教、风俗等文化研究的方方面面都极受研究者关注，出版了夥矣众哉的专题性研究成果，说明了江南文化的辐射力、生命力和在当代的传承力。但比较而言，对江南文化系统的理论探讨和史程梳理，相对于其他地域文化研究而言，却显得欠缺，因为若用同样的统计办法，标题含“中原文化”的专书 118 种，含“黄河文化（文明）”的 67 种，含“长江文化（文明）”的 53 种，而含“江南文化”的仅 40 种，与“中原文化”相比，有不小的悬殊。虽然这样的统计容有不周密之处，但至少从现象学上看，还是有一定的说服力的。可见颇显热闹的江南文化研究在很大程度上还停留在散点描述上，需要有系统的理论探讨和史程梳理来加以贯串。

新世纪以来，地域文化研究方兴未艾，热潮迭起。江南文化研究不管是从研究队伍看，还是从研究成果看，都无疑已经是地域文化研究中的显学，非唯聚焦于“江南”的研究专书数量众多，专题论文也涉及江南文化的方方面面，积累更是丰厚，已为专史的梳理和研究奠定了良好的基础。是我们对江南文化作历史流程梳理、对江南文明作历史经验总结的时候了。

三

“江南文化史系列研究”是浙江省社会科学重点研究基地——浙江师范大学江南文化研究中心重大研究项目，项目的设置正是“中心”基于对江南文化及江南文化史研究重要意义的上述认知，在对当前相关研究成果作初步评估的基础上，对“中心”研究方向的一个定位。该重大项目正式启动于 2006 年 5 月，采用开放管理的方式，试图通过课题的公开招标，整合校内外研究力量，集中推出一批高质量的重要成果，以填补相关研究的空白，从而将目前的江南文化史研究提高到一个全新的水平；并以此推动其他区域文化史研究，最终为中华文化史的研究奠定厚实的基础。

文化终究是人、地协和的结果。特定区域内别具一格的文化总是由在心性气质方面具有区域典型性的人努力创造的结果。招标课题标目的选拟正着眼于与江南人典型的心性气质相对应的一些物质文明和精神文明之现象和成果，以此作为追源溯流的史程考述描画的对象。

一提到江南，总有说不尽的春色春意春消息。这里物阜民熙、山柔水软，富饶而绮丽的水土赋予江南人特有的文化心态和气质：

（1）尚文不武　江南秀丽的自然环境有自足的审美价值，多水的区域地理、温润的区域气候、柔美的自然景观细腻温雅了一代代的江南人，使江南人尚文不武的风习渊源有自，源远流长。《中庸》记孔圣语曰："宽柔以教，不报无道，南方之强也，君子居之。衽金革，死而不厌，北方之强也，而强者居之。"和平主义的南方是以文明、文化制胜的。这不仅仅是南人北人人格的尚文重德和崇武尚力之异的经典论断，更使南方成了充满人间温情的宜居之地，成了一种意象符号、一种象征语码、一种想象幻境，以其光明、温暖、和煦、诗意的表征，怀柔天下。

（2）晏安享乐　江南富饶的自然环境兼具很高的经济价值。"沃土之民多淫，瘠土之民思义，淫则溺于晏安，无复奋发有为、杖节死绥之志。"①优越的自然条件繁荣了江南的经济和商业，为江南人优游闲雅、从容不迫的生活提供了物质保证。注重

---

①　吕思勉：《南强篇》，见《民国丛书》第五编第38册《吴越文化论丛》，上海书店1996年版。

感观审美、世俗情趣、生活质量的享乐之风弥漫其间。从南宋诗人林升《题临安邸》“山外青山楼外楼，西湖歌舞几时休？暖风熏得游人醉，直把杭州作汴州”，到清初钱谦益《金陵社夕诗序》谓金陵之盛“海宇承平，陪京佳丽。仕宦者夸为仙都，游谈者据为乐土”，“江山妍淑，士女清华，才俊歙集，风流弘长”①，皆为江南晏安享乐之风的形象写照。

(3) 读书仕进 尚文的心性酝酿出一种文化氛围，使注重文化考试的仕进成了可能；享乐的心理需凭借经济的保障，使仕进成了必要。追求仕进的过程是读书习文、开阔胸襟视野、培养创造能力的过程，注重仕进的结果是造就了众多科举中试者、达官显宦以及与仕宦密切相关的颇为密集的世家大族，与此同时，大批寒士得以游幕坐塾，为地方人文水平和乡民个体素质的提高、文化的普及起了很大作用。

(4) 柔韧不折 “淮水以西，席用武之余烈，故多亢爽刚劲。大江以东，承浮靡之遗习，故多优柔文弱。”②这样的论断早已深入人心。然“柔”而能“韧”，“弱”而有“文”，那便有了克刚的力量，更有着一种创造的潜能。这在民族压迫、阶级压迫、政治压迫严酷的时代表现得尤为突出。“江南是中国自由精神的传统所在，是对暴政和压迫最有反抗精神的地方，是中国最有骨气的地方之一。”③宋室将屋、明清易代之际江南人不屈不挠的反抗都是证明。

(5) 隐遁自适 人大凡在失意的时候，都会有隐遁之想，以

① 见缪荃孙《秦淮广记》卷一，民国十三年(1924)刊本。

② 程廷祚：《〈江南通志〉总图说》，见《清人文集·地理类汇编》册二，浙江人民出版社 1986 年版。

③ 胡晓明：《“江南”再发现——略论中国历史与文学以及海外有关中国典籍中的“江南认同”》，见胡晓明主编《中国文史上的江南——“从中国看江南”学术研讨会论文集》，上海辞书出版社 2014 年版。

求精神的解脱和灵魂的自由。江南的明山秀水，是自足的审美世界，是富饶的生存资源——是理想的隐逸环境。钱塘龚自珍的《能令公少年行》是集隐逸文化之大成的长诗，他将山水渔樵之隐、金石书画之隐、茶烟口腹之隐、佛家禅悦之隐、儿女风情之隐……举凡文化传统中出现过的隐逸形态重加整合，结构出一个奇异绚丽的精神世界。乌托邦式的心造幻影，是令人怅惘、失望的现实中士人抑郁灵魂的自救。而在文祸不断的文化生态中，尚文的江南人的隐逸又有了一种颇具时代特色的表现形式——征文考献，隐于故纸堆中。江南是清代国学——政治立场和感情色彩的表达都显得较为隐讳的经史之学的隆兴之地。

以上对江南人心性气质的概括都包含了看似矛盾其实是相反相成的两个方面。尚文、享乐、仕进、柔韧、隐遁，这些被温润的自然环境柔化了的区域文化心理不断积淀、代相承递，成了颇便习传、足具自律化功能的传统心理。这些心理氤氲出一种特殊的文化氛围，薰习其中的江南人在人生价值取向上追求灵魂的独立自由，注重世俗的生活情趣，崇尚修饰，讲究学养和艺术品位。这种文化氛围叠合出江南迥异于北方的文化特质，其中以世家文化、科举文化、传播文化（藏书、刻书、演艺、诗社文会活动等）、园林文化（区域文化心理的物质凝固）、隐逸文化、商帮文化、消费文化等为典型，而尤以经史之学以及文学艺术方面的创造最为引人瞩目。

江南人以其特定的心性气质缔造了别具一格的江南文化。江南文化史系列研究既需要江南文化总体史程的宏观把握，也需要具体文化现象和文化成果的史程抽绎；它大体上包括江南精神文化之生成和物质文化之遗存两大方面，并且也可以按时段（如六朝、唐、宋、元、明、清、近代）或区域（如吴、越、沪、两浙、姑苏、婺、徽州、钱塘、会稽、常熟、嘉兴等）两个向度再加分解，还可以根据文化人主体身份(如士宦、平民,寒士、闺阁,僧、道等)或大文化结构之分支要素(如文学之分支诗、词、文、小说等)的不同再加以细化。在拟选题时,要求既立足于江南文化的地域个性,又放眼于中华文化的整体宏观;在研究中,要求既注重时间上古今源流的纵向探究,又注重空间上区域内外的横向比较;既重视传统文化意蕴与精神的探析与研究,又重视当代文化价值与意义的阐释与重构。这便是"中心"对江南文化史丛书在研究取向上的基本定位。

基于上述思考,"中心"拟设了系列招标课题之标题。目前已经通过招标立项的课题有:江南女性文学史、江南戏曲史、江南戏剧史、江南游记文学史、江南世情小说史、江南音乐史、江南青铜文化史、江南园林史、江南服饰史、江南刻书史、江南民俗史、江南体育史等。继续接受招标的课题指南如下:江南文化通史、吴文化史、越文化史、婺文化史、江南石器文化史、江南稻作文明史、江南近代文明史、江南现代化进程史、江南文学史、江南美学史、江南美术史、江南书法史、江南经学史、江南史学史、江南教育史、江南诗史、江南诗学史、江南词史、江南词学史、江南民间文学史、江南科举文化史、江南书院史、江南藏书史、江南士商互动史、江南文人游幕史、江南文人雅集史、江南演艺文化史、江南社团发展史、江南文祸史、江南移民史、江南流民史、江南隐逸文化史、江南佛教史、江南道教史、江南基督教史、江南民间宗教史、江南宗族制度史、江南文化世家兴衰史、江南家族教育史、江南婚姻史、江南丧葬史、江南城市史、江南建筑史、江南陶瓷艺术史、江南经济史、江南商帮文化史、江南茶文化史、江南酒文化史、江南丝绸文化史、江南民间工艺史、江南交通史、江南海洋文化史、南风北渐史、绍兴酒文化史、苏州刻书史、南京文学史……

需要说明的是,“中心”既以课题招标的形式实行动态的开放式管理,则以上所拟的选题范围也只是一个初步的框架,在实施过程中可以不断调整和完善。各地同仁根据自己的研究兴趣,在投标时若对标目有所调整或添加,只要论证合理,都是竭诚欢迎的。

值此《江南文化史研究丛书》开始陆续出版之际,衷心感谢上海古籍出版社第一编辑室主任李保民先生的鼎力相助、各书责任编辑付出的辛勤劳动,以及所有作者的积极参与和热忱奉献。由于《丛书》诸作出于众人之手,成于忙碌之际,缺憾难免,有未臻预期者,尚祈见谅。我们愿与同仁一起加倍努力,使之更趋完善。

是为序。

浙江师范大学江南文化研究中心

梅新林　陈玉兰

2015 年初夏

序

刘文在我这读研时，就是个很勤奋很执着的学生。记得2005年，是她提议要把我发表的文章剪报做成表格。说干就干，连同我出版的著作以及各媒体采访报道我的文章等，一一做成登记表。未想到，当年那本出自刘文之手的我的科研成果记录，如今已发展成39本。每每补充进新成果或闲来无事欣赏时，都会自然地想到刘文。

刘文是个做事很麻利的年轻人，对学习和生活都充满热情。她圆圆的脸，总是挂着甜甜的笑容。2006年我带学生们去云南考察时，他们争着穿上少数民族服装拍照留影，就属刘文穿着苗族服装的那张照片，笑得最尽情。

看来，与说小孩子"三岁看老"是同一个道理。求学时的主动学习，刻苦努力，凡知识都想问个彻底，而且不怕受累、不图清闲的刘文，在日后的工作中逐渐显露出这种积极态度与可贵的精神。

我从20世纪90年代开始带服饰文化学研究生，至今已毕业了80多名学生，听起来都在各单位里职称有所提升，但细细计算起来，在学术上有所进展的也没有几个。原因很简单，维持工作是一回事儿，热爱科研真想做学问又是一回事儿。刘文的单位离我比较远，她毕业这十年来，我们主要是通过邮件来往。也就是说，她的动力是由她自己生发的，毕竟不是我在带她。因为我见到的学生太多了，所以对她这种主观能动性特别看重。而这持之以恒、不断进取的品质正是当今青年教师最需要的。

刘文寄给我《嘉兴蚕桑史》时，我就很惊讶，几年没见，她竟然拿到这么多科研项目。再看著作，还真像模像样。当时，我顿生一种看好她的感觉，只是不知这股干劲儿能持续多久。为什么真正的专家很少？首先就是偶尔为之。没有持续的努力怎么能有累累硕果？没有持久的热情怎么能让事业生涯永无止境？

令人高兴的是，刘文又寄来一份书稿《江南服饰史》，并在下面的括号里注明是“专家第三次评审稿”。当时刘文申报这个项目时，曾经征求过我的意见。我感到“江南”这个区域概念不大不小，应该不好写。如果只涉及“嘉兴”，区域特色集中些，可以深挖一些东西。但是，江南作为中国的二分之一弱，很难概括出来。谁知，刘文还真有想法，而且又是说干就干，竟然获批课题，并且写出书来了，着实让我兴奋。

打开书稿，看到刘文真的能在中国服装发展史上找出一些江南与其他地区确实不同的特点，包括材质、工艺、人物、事件，同时还有古往今来的大量形象资料。真是“有志者事竟成”啊！作为教师来说，最欣慰的莫过于学生爱学、用功，而且做出成绩。因此，看到《江南服饰史》的书稿，我别提多有成就感了。

刘文的《江南服饰史》有几个关键成果。一是将美术特别是工艺美术界常提到的南北风格差异提到服装史上来，在此之前有这样提法的不太多，真正拿出著作来的基本上没有。二是抓住南方服装材质与北方的不同，大书特书，这就必然牵涉到工艺。以前在纺织书中有这样分析的，但是并未像这样有针对性。三是选取了大量现实社会调查所获得的第一手资料，这一点不仅说明了作者的不辞辛苦，同时为后来人保留下一定年月中亲历者的功绩，是后人可资利用的珍贵文献资料。

《江南服饰史》即将出版，这就等于给服饰文化研究又拓展了一个空间，应该也为此领域奠定了一个可喜的起点。江南服饰的演变，还有许多可待研究探讨的内容。好在刘文还很年轻，我真诚期待着，并相信，这个研究必将走向辉煌。

华 梅

2016年11月28日

于天津师范大学华梅服饰文化学研究所

目　录

前　言

一、江南的区域概念

现存史料中关于“江南”的说法，最早见于先秦，《史记·五帝本纪》载：“舜……年六十一代尧践帝位。践帝位三十九年，南巡狩，崩于苍梧之野。葬于江南九疑，是为零陵。”《史记·秦本纪》载：“（秦昭襄王）三十年，蜀守若伐楚，取巫郡，及江南为黔中郡。”以上史料中所载“江南”的地域广泛，与现今概念迥然。而梳理古今文献还发现，关于“江南”的地域描述，各个时代、各派学者表达各不相同，或者说是含糊不清，没有定论。

关于“江南”的概念，从秦汉到明清，涵义宽泛，且由于划分标准的差异，其地理范围时有变动。从历史学角度分析，“江南”不单限于表达自然地理区域，同时也是社会政治和人文区域的代名词。通常被区分于“中原”、“边疆”等区域概念。

在中国历代文人墨客留下的咏叹江南的诗句中，可见“苏州、杭州、太湖、西湖”反复出现，从地理位置上看，两市两湖均处于长江以南，但位于长江以北的扬州，则有着“二十四桥明月夜”之称，将其划到江南以外显然不合适。所以将江南定义为“长江以南”是不够严谨的。

《国家地理杂志》曾经邀请诸多领域的学者，让他们在地图上圈出心目中的江南范围，最终，学者们一致认为真正意义上的江南是围绕太湖、西湖地区，即今江浙一带[①]。本书认同此观点，重点围绕南京、苏州、无锡、常州、扬州、镇江、上海、宁波、绍兴、杭州、嘉兴、湖州几个最具代表性的地区及周边地区展开调研，而写成此书。

江南因所特有的自然环境和别具特色的劳作方式而成为名副其实的稻作文化的起源地，另外，江南自古特有的独特地理环境、气候条件、人文环境、鲜明的民族和民俗风情，均影响了江南民众服饰的款式、造型、结构、装饰、工艺以及服饰风格，形成了典型的江南地域文化的标志。

二、江南的历史文化渊源

历史上，黄河被公认为中华民族灿烂文化的发祥地，但黄河流域的仰韶文化及半坡文化在年代上均晚于长江流域以南的河姆渡文化。河姆渡文化亦是中华文明起源的代表性发源地，也充分证明了中华文明起源的多元性。河姆渡文化遗址地处杭州湾以南宁绍平原上的余姚县河姆渡村。1973年夏被发现，为20世纪中国最重要的考古发现之一。该遗址出土了丰厚的石、木、陶、骨等器物，包括大量的服饰品，如木屐、颈饰、耳饰、骨笄等。在其之后，罗家角文化、马家浜文化、崧泽文化、良渚文化等新石器文化遗存相继出现，这几种文化之间彼此继承，一并具有稻作文化特色。而1955—1958年，南京市北阴阳营遗址及其之上的湖熟文化层的出现，为吴文化的产生奠定了基础，故湖熟文化亦被称作先吴文化。从时间上看，北阴阳营文化的遗存与马家浜文化晚期十分相近。出土文物中，除了大量磨制农具外，还

---

① 桑林编著：《江南衣裳》，湖南美术出版社，2011年。

出现了陶纺轮、石纺轮、骨针等，充分证明了当地原始纺织技术的出现。

这些古老文化的印迹已充分地展现出江南文化开启之辉煌，正因如此，为后来江南文化的发展奠定了坚实的基础。

吴地有文字可考的历史为商朝末年的太伯、仲雍南奔至太湖流域，建立勾吴古国，即吴国，距今约3 100多年。《史记·吴太伯世家》载："自太伯作吴，五世而武王克殷，封其后为二：其一虞，在中国；其一吴，在夷蛮。十二世而晋灭中国之虞。中国之虞灭二世，而夷蛮之吴兴。"正是由于吴太伯的南迁，使得吴文化兼具了中原文化及所谓夷蛮文化的营养。《史记·越王勾践世家》载："越王勾践，其先禹之苗裔。"吴越两国领土接壤，因世仇相互斗争，而斗争带来了文化交流的硕果。《越绝书·越绝外传纪策考》载其"同俗拜土"。既"各有种属"，又"同气共俗"。

梳理江南历代史实发现，江南的发展离不开政治、战争、经济、文化交融的影响。

三国时，孙权称帝于建业（今南京）。随着东吴政权的建立，使得江南地域居民逐渐密集，水岸良田愈来愈兴旺发达，尤其是海上丝绸之路的开通，为日后江南的发展奠定了坚实基础。

东晋及南朝的宋、齐、梁、陈先后建都建康（今南京），北方人大规模南下，定居于江南。满足了当地对先进生产技术、设备及劳动力的需求。发展了生产，促进了不同地域的文化融合。

隋朝京杭大运河的开通，促进了江南经济的发展。唐朝，江南的锦缎丝绸等物产源源不断地运往北方，供帝王、贵族享用。交通的便利促进了当地经济的繁荣昌盛。而安史之乱，使得北方大批文人、艺术家为避战乱而移居江南。此时，江南在经济、文化上均得到了空前发展。

南宋，京城临安（今杭州）发展成为一座繁荣昌盛的“地上天宫”，是全国的政治、文化中心。又一次的宗族及文人迁居江南，形成了又一次南北文化的融合，对江南文化影响深远。明、清之时，江南已有“堆金积玉地，富贵温柔乡”之称。

三、江南景致与服饰风格

（一）“人间天堂”之江南美妙景致

提及江南，从古至今，文人墨客为之泼墨挥毫，咏叹江南景致及风情的大量文学作品及诸多美妙诗句构筑了世人想像中的小桥流水、烟雨迷蒙的江南山水画卷。南朝梁文学家吴兴乌程（今浙江湖州）人丘迟曾云：“暮春三月，江南草长，杂花生树，群莺乱飞。……”至唐宋，在诗歌中对江南山水风物的表现非常丰厚。曾在杭州和苏州做官的唐代大诗人白居易所作《忆江南》云：“江南好，风景旧曾谙。日出江花红胜火，春来江水绿如蓝。能不忆江南？”这首家喻户晓的诗描绘的就是苏杭美景。而中唐诗人张籍所作《送从弟戴玄往苏州》云：“杨柳阊门外，悠悠水岸斜。乘船向山寺，著屐到人家。夜月红柑树，秋风白藕花。江天诗境好，回日莫令赊。”充分抒发了时人对江南美景由衷的赞美与喜爱之情。晚唐著名诗人杜牧所作《江南春》云：“千里莺啼绿映红，水村山郭酒旗风。南朝四百八十寺，多少楼台烟雨中。”亦抒发了作者对江南景物的赞美与神往。宋初词人潘阆有词《酒泉子·长忆钱塘》，上阕云：“长忆钱塘，不是人寰是天上。万家掩映翠微间，处处水潺潺。”盛赞了南宋临安和西湖之美。而宋仁宗赵祯《赐梅挚知杭州》诗中曰：“地有湖山美，东南第一州。”宋代词人柳永曾这样咏叹江南景致：“东南形胜，三吴都会，钱塘自古繁华。烟柳画桥，风帘翠幕，参差十万人家。云树绕堤沙。怒涛卷霜雪，天堑无涯。市列珠玑，户盈罗绮、竞豪奢。 重湖叠巘清嘉。有三秋桂子，十里荷花。羌管弄晴，菱歌泛夜，嬉嬉钓叟莲娃。千骑拥高牙。乘醉听箫鼓，吟赏烟霞。异日图将好景，归去凤池夸。”元代诗人杨维桢云：“西子湖头春色浓，望湖楼下水连空。柳条千树僧眼碧，桃花一株人面红。”咏叹了西子湖畔的美景。元末明初诗人凌云翰有诗云：“家住钱塘西子湖，钓竿几度拂珊瑚。扁舟载月归来晚，不觉全身入画图。”元代女真族人奥敦周卿有小令《蟾宫曲》之二云：“西湖烟水茫茫，百顷风潭，十里荷香。宜雨宜晴，宜西施淡抹浓妆。尾尾相衔画舫……”

从以上诗句所描绘出的江南美妙景致来看，江南不愧为“梦里水乡”、“人间天堂”。

（二）“水乡泽国”之江南服饰风格

江南城镇，大多居于平原水乡，宋孙觌有诗云“数间茅屋水边村，杨柳依依绿映门”。因水乡特色，吴越先民自古“善于用舟”。位于萧山的跨湖桥遗址① 出土了距今8 000—7 000年，残长为5.6米的独木舟遗存，堪称中国乃至世界上最为古老的独木舟。越王勾践语“以舟为车，以楫为马”，吴王夫差开凿邗沟，这些最初均为军事考虑和需求，但却为后世江南水环境文化及农业生产效率的提升打下了坚实的基础，尤其使稻作、农桑、手工业生产受益。

郦道元《水经注》云：“东南地卑，万流所凑，涛湖泛决，触地成川，枝津交渠，世家分夥，故川旧渎，难以取悉。”江南水乡普遍河湖纵横罗列，江南民众多临河依水而居，形成了枕水而眠的水上人家如画般的景致。唐白居易《九日宴集，醉题郡

① 越故地发现的最早的新石器时代文化遗址。

图前言-1 江南典型古街景致（嘉兴月河街，于光华摄）

图前言-2 苏州甪直古镇（丝绸服饰街，刘文摄）

楼，兼呈周、殷二判官》诗云“东西南北桥相望”，《登阊门闲望》诗云“处处楼前飘管吹，家家门外泊舟航”；唐杜荀鹤《送人游吴》诗云：“君到姑苏见，人家尽枕河。古宫闲地少，水港小桥多。夜市卖菱藕，春船载绮罗。遥知未眠月，乡思在渔歌。”可见江南水乡安逸温馨的生活环境。

江南水乡的水具有平和、委婉、清静、足己自盈的特点，这使得生活在这一地域的人们性格上受到熏陶,做人恬淡、自适、内敛、低调。而服饰是文化的载体,也迎合生态环境,形成了独特的水乡服饰风格。

江南的服饰风格同其景致一般迷人,且别具风格。受水乡特色影响,古吴越人“断发文身”,且梳有发髻。从诸多出土文物及丰厚的文献记载可见,江南历代服饰及佩饰均能体现地方审美情趣及服用功能性要求,其中,在江南水乡民间最具代表性的为体现稻作生产需求且具有浓郁水乡气息的“荆钗布裙”。

而在颜色、款式等服饰语言上,江南民众普遍认同淡雅清秀风格,区别于北方的高纯度色调。这不能说与江南水乡“小桥流水人家”的文化意境无关,可以说是相辅相成的区域审美特征的体现。

据考古发掘及《史记·越世家》载:“夫剪发文身,错臂左衽。瓯越之民也。”说明吴越人的衣襟是“左衽”,而非中原人的“右衽”。服装款式为短衣紧身,袖口狭窄,腰间扎系丝带或短裙,区别于中原的峨冠博带、宽袍广袖。

体现江南服饰的诗篇如同江南景致一般令人如痴如醉,最具代表性的当属白居易的《缭绫》,诗云:“……应似天台山上明月前,四十五尺瀑布泉。中有文章又奇绝,地铺白烟花簇雪。……织为云外秋雁行,染作江南春水色。”

作者详尽描述了江南纺纱、织锦、染色的精美绝伦,也反映了江南服饰所特有的风格,亦通过服饰面料体现了时代的辉煌及江南地域的富庶。

李白的《越女词五首》生动描绘了吴越男女的服饰形象和性格特征,也非常具有代表性。其一云:“长干吴儿女,眉目艳新月。屐上足如霜,不著鸦头袜。”其二云:“吴儿多白皙,好为荡舟剧。卖眼掷春心,折花调行客。”其三云:“耶溪采莲女,见客棹歌回。笑入荷花去,佯羞不出来。”其四云:“东阳素足女,会稽素舸郎。相看月未堕,白地断肝肠。”其五云:“镜湖水如月,耶溪女似雪。新妆荡新波,光景两奇绝。”在这五首词中,作者格外强调吴越儿女皮肤的白皙,除其一“足如霜”外,还有其二:“吴儿多白皙”,其四:“东阳素足女”,其五:“耶溪女似雪”。寥寥几笔勾勒出特征鲜明的吴越儿女的美貌,同时也凸显了江南独特的水乡特点和优越的气候条件。

绝世美女西施的服饰形象影响了江南女子的着装及审美理念。吴越之争,刀光剑影之下,更加凸显了西施的温婉及柔美。西施的美不仅限于外表,更是给吴越之地增添了睿智和韬略的文化色彩。西施溪边浣纱图被历代画家勾勒描绘,其丝绸深衣轻薄而飘逸,成为江南女子着装风格、气质风度的代表。西施的劳作形象也充分体现了江南女子缫丝、织绸、制衣

图前言-3 着蓝印花布服饰的江南蚕娘[1](李渭钫摄)

① 在江南,养蚕妇女被称为“蚕娘”。

的智慧。北宋著名文学家、书画家苏东坡有诗《饮湖上初晴后雨》云:“水光潋滟晴方好,山色空濛雨亦奇。欲把西湖比西子,淡妆浓抹总相宜。”此诗以西施之美喻江南景致之美,影响深远。

纵观江南服饰历史,水韵、蚕桑、丝绸、织锦、缂丝、苏绣、海派旗袍、蓝印花布等符号已经锁定了江南服饰的风格,拙朴灵秀、轻柔飘逸、精致细腻。

第一章　先秦
——底蕴深厚

第一节　吴越早期纺织雏形

一、原始工艺

（一）骨针缝制

骨针缝制技术在旧石器时代中晚期逐渐发展起来，全世界各个古老的人类发源地均出土有骨针、骨锥等考古佐证。因在骨针发现地尚未出现同一时期的纺轮、梭子等物，但却常见小石刀片，专家推测为切割兽皮所用。这说明，原始人利用骨针缝制时期并未进入纺织阶段，以骨针缝制的衣料是人类使用纺织衣料之前，原始人所用的兽皮，因为在人类使用兽皮之前，即“草裙时代”，植物性的“衣料”，如树叶、藤蔓等并不需要缝制。伯恩斯与拉尔夫在《世界文明史》中论述原始人“发明了针，他们不会织布，但缝在一起的兽皮就是一种很好的代用品”。可以这样推测：原始人在狩猎后，食其肉，以石刀剥离其皮，并简单切割而成衣片形状，晒干后以兽筋或皮条缝制成衣，缝线逐渐被加捻的植物纤维及丝线取替。

位于南京江宁的湖熟镇为湖熟文化遗址最早发现地，该遗址以湖熟镇为中心，区域范围辐射400平方公里。该遗址地域

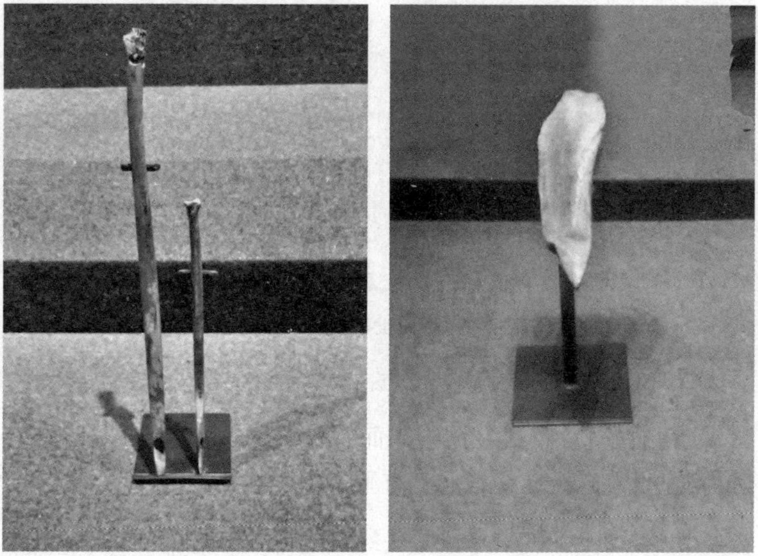

图1-1　骨针、骨锥（河姆渡遗址出土，河姆渡遗址博物馆收藏，张淑蓉摄）

性突出，为新石器时代晚期到商周时期遗址。该遗址出土了为数不少的石器、陶器、青铜器，为长江下游历史及古文化研究提供了大量的实物参考。

苏州最早的居民为以渔猎生活为主的三山先民，三山岛遗址为1985年发掘出土的旧石器地点，共计500平方米。仅已发掘的36平方米范围内出土了石制品5 263件，含石器238件，包括了锥、钻、刮削器、小型尖状器等，这些器物均可用来切割剥剔兽肉兽皮①。

在河姆渡遗址中，出土了大量远古时期的缝纫工具，如骨针、骨锥、石刀、管状针等。数量最多的当属骨针，其长短、针孔大小各异，其中一枚骨针十分精细，针孔仅约0.1厘米，可以推

① 王国平主编：《苏州史纲》，古吴轩出版社，2009年。

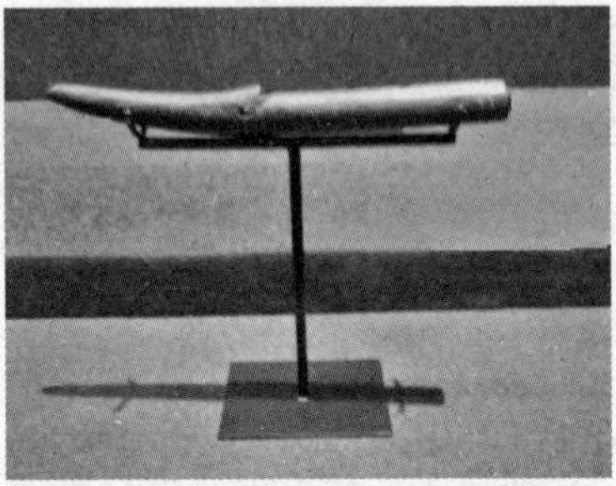

图1-2　石刀、骨锥形器（河姆渡遗址出土，河姆渡遗址博物馆收藏，张淑蓉摄）

测，使用这枚骨针，必须配合细而软且具韧性的缝线，因此可以说，河姆渡人已经在纺织业上有了进一步的发展。

浙江余姚田螺山遗址第一期挖掘出土物中有一个线团及骨针，这一发现充分体现出缝纫用线在6 500年前的进一步发展。

从诸多良渚文化遗址出土的大量骨针可以推测，良渚文化时期的缝纫技术进步很大。浙江宁波慈溪、江苏吴江龙南[①]等遗址中都曾出土过骨针。慈湖遗址发现的骨针残件，残长9厘米，针体直径0.4厘米，一头有一小针眼[②]。浙江吴兴钱山漾遗址出土的麻线、丝线，其作用之一就是"穿针引线"缝制衣物，而在该遗址中，残绢片、苎麻布的出土又进一步证实了吴越先民已经进化到了纺织时代。

原始人制成骨针，使缝纫动作产生，并逐渐发展成熟。这一举动具有伟大的划时代意义，因为这是原始人为了满足自身的

① 龙南遗址考古工作队：《江苏吴江梅埝龙南遗址1987年发掘纪要》，载《东南文化》1988年第5期。

② 浙江省文物考古研究所等：《宁波慈湖遗址发掘简报》，载《浙江省文物考古研究所学刊》，科学出版社，1993年。

着装需要而进行的工具制造及缝制技术发明，若没有原始人的缝制，也许今日我们的着装形象将以披挂或缠绕的形式出现，而非变幻无穷的服饰造型。骨针是后世钢制缝纫针、绣花针、各种加捻线，以及其他女红用具、缝纫机产生的基础。《管子·轻重》中载："一女必有一刀、一锥、一箴、一钵，然后为女。"一则体现出封建时代女性女红用具的齐全和女红技艺的普及，也充分体现原始骨针、骨锥等缝纫工具的后世发展状况。总之，骨针缝制是人类服饰史上很了不起的跨越。

（二）搓绳苇编

搓绳即利用两手搓动之力，将纤维搓合而成绳子，其工艺手法与纺纱原理中的"加捻"有着直接联系，亦可说是纺纱技术的前身。

在河姆渡遗址发现中，已出土了数段圆面直径不等的搓绳，就其外观而言，与今天的绳子很相似。分别运用两股至三股植物纤维搓成，绳子的粗细取决于所用植物纤维直径的不同，河姆渡人善用树藤、葛、麻等植物纤维，利用织物的韧性而搓绳。据专家分析，以树藤等纤维搓出的绳子粗，而葛、麻纤维搓出的绳子细。

苇席即苇编，其工艺手法与织布原理有着直接联系，亦可说是织布技术的前身。

在河姆渡遗址发现中，已出土的大小各异的苇席残片达百余件。据专家分析，河姆渡人的苇编技术已经非常娴熟。所用原料即为湖沼中常见的芦苇。工艺手法上，先是将芦苇的秆部截取待用，取其0.4—0.5厘米宽篾条，每根篾条均呈规则的长扁状。从出土实物可见，苇席蔑数多以2条成组，亦有4条至6条成组的。以经纬垂直方向而编，图案呈现人字纹及斜纹。

考古发现，马家浜文化时期的房屋为地面建筑，其墙壁是以芦苇涂泥而成，盖顶之物为芦苇、竹席、草束。可见，苇编技术在马家浜文化时期应用得非常广泛。

综上所述，搓绳及苇编技术虽然始于原始社会，科技含量及工艺水平无法与后世比较，但其进步意义是巨大的，对纺纱技术及织布技术有着必然的联系和助推作用。

（三）纺纱织布

据考古发掘出的原始纺纱及织布工具可以分析原始纺织工艺的状况。

仅以河姆渡、马家浜、良渚文化遗址为例，纺纱工具出土数量惊人，其中数量最多的为纺轮，大多为陶质，少许石质，偶见玉质。

在河姆渡遗址发掘中出土了罕见刻画纹样的陶纺轮，一件为两面纹样不一，其一为阴刻圆涡纹，其二为阴刻植物叶纹；另一件则仅单面有纹，反面无纹，有纹一面为弧线多组五角星纹。

在吴越地区的新石器时代遗址中出土的纺纱工具种类丰富，除纺轮之外，还有骨梭形器、骨经轴、骨机刀、木绞纱棍、木卷布棍、木机刀等。

图1-3 马家浜文化陶纺轮（1991年桐乡崇福新桥遗址出土，桐乡市博物馆提供）

图1-4 良渚文化玉纺轮[①]（1976年桐乡安兴周士塘出土，桐乡市博物馆提供）

① 直径4.9厘米，内径0.6厘米。

图1–5　陶纺轮（河姆渡遗址出土，河姆渡遗址博物馆收藏，张淑蓉摄）

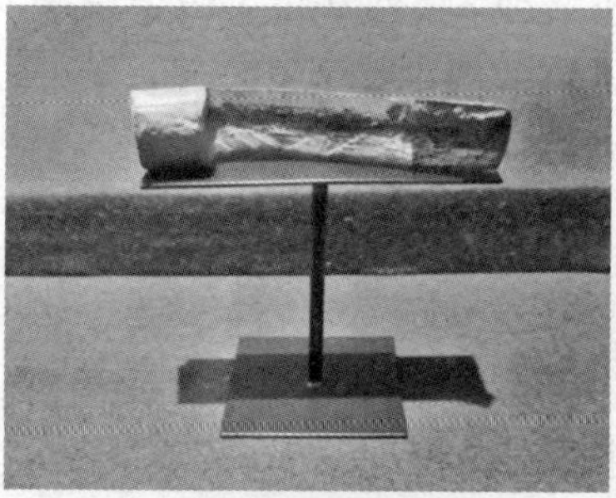

图1–6　骨经轴（河姆渡遗址出土，河姆渡遗址博物馆收藏，张淑蓉摄）

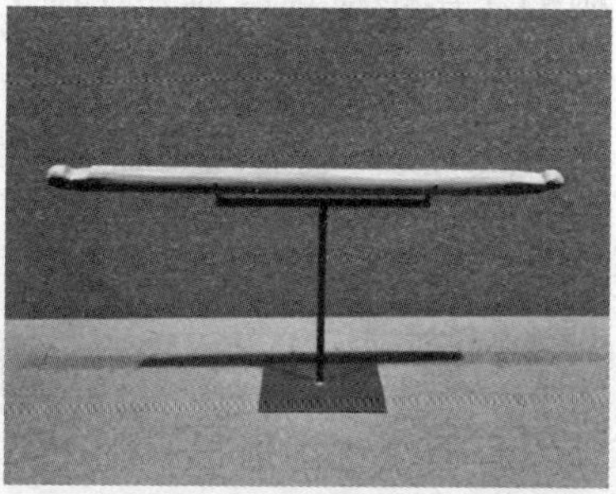

图1–7　木卷布棍（河姆渡遗址出土，复制品，河姆渡遗址博物馆收藏，张淑蓉摄）

图1–8　木机刀（河姆渡遗址出土，复制品，河姆渡遗址博物馆收藏，张淑蓉摄）

考古发现，最具代表性的织布工具为河姆渡文化遗址出土的"踞织机"，又称"腰机"，为原始织机。河姆渡织机结构上为筒形后缩，这样在工艺上可以形成自然织口；根据出土文物及相关文献记载，此时的织机可能已经有了与之配备的机架，成为织布机的雏形。

河姆渡文化遗址还一并出土了原始织机上的重要部件，如梭、机刀、卷布轴、定经杆、综杆、绞纱棒、分经木等。原始织机虽然简单，但却能体现出吴越先民由编到织的飞跃。

另外，用以证明原始织布技术的另一代表性的考古发掘还有浙江吴兴钱山漾遗址出土的两把小棕刷。据专家考证，小棕刷的作用是梳理经线和加湿上浆。即为《列女传·敬姜说织》中所载纺织器物"物"或"茀"[①]。这两把小棕刷其一残长4.5厘米，其二长11.5厘米，直径1.5厘米[②]。

二、葛麻织造

当吴越先民经历了远古时代以树叶、蔓草、兽皮蔽体的漫长岁月后。逐渐懂得了利用当地盛产的植物——葛、麻纤维制成衣料。《淮南子·人间训》："冬日被裘罽，夏日服絺苎。"葛麻是吴越早期织物的主要来源，葛属蔓生类植物，即现今南方常见到的葛藤，短者数米，长者数十米。其表皮坚韧，不可直接用于编织衣料，而需将其置于水中煮，待其变软后，即可从中抽出纤维，因葛纤维具备了白、细、长的特点，故很适合编织衣料。由于葛的生长缓慢，后逐渐被麻取代。《淮南子·原道训》载："吴越生葛絺。"《吴都赋》载"焦葛升越，弱於罗纨"，称赞了葛、麻

① 赵丰：《敬姜说织与双轴织机》，载《中国科技史料》1991年第1期。
② 浙江省文物管理委员会：《吴兴钱山漾遗址第一、二次发掘报告》，载《考古学报》1960年第2期。

织物的性能凉爽及舒适的透气性。《越绝书·内经九术》载“冬披毛裘，夏披絺绤”，介绍了吴越人冬夏两季所着服饰面料的不同，再次体现出葛麻的透气性能良好，适合夏季穿着。在中国，细葛布又称“絺”，而絺中更细的，称“绉”。粗葛布称“绤”。《尚书·禹贡》载“冀州鸟夷皮服，扬州鸟夷卉服”，说的是北方夷族以皮为服，南方夷族以草卉为服，这里的草卉即为葛苎等纤维面料制成的服装。《汉书》亦有“鸟夷卉服”的记载。

1972年，非常有代表性的三块花葛布，在苏州吴县草鞋山新石器时代遗址出土，经专业鉴定，其纤维是野生葛。这是中国已知最古老的手工编织葛布。其中最大的一块长约8.5厘米。其组织为纬线显花的绞经罗织物，花纹为菱形及山形，可以确定是以原始编织工具织造而成的[①]。而吴越诸多古墓中出土了大量的陶纺轮、纺锤、织机等纺织工具，进一步以实物力证了吴越先民在约6 000年前已经普遍进行纺织劳作了。

在古越国，最为主要的纤维作物便是葛，《吴越春秋·勾践归国外传》载：越国的葛布又称絺素，其特征为细软、轻柔、挺括，远近闻名。据传，越国大败吴国后，越王卧薪尝胆，为博得吴王的信任和欢心，“乃使国中男女入山采葛”、“使越女织治葛布，献于吴王夫差”。最多一次献葛布十万匹。《吴越春秋·勾践归国外传》载：“吴王得葛布之献，乃复增越之封。”越国葛妇艰辛之苦可想而知，民间流传《采葛妇歌》：

葛不连蔓棻台台。我君心苦命更之。尝胆不苦甘如饴。令我采葛以作丝。女工织兮不敢迟。弱于罗兮轻霏霏。号絺素兮将献之。越王悦兮忘罪除。吴王叹兮飞尺

① 魏采苹、屠思华编著：《吴地服饰文化》，中央编译出版社，1996年。

书。增封益地赐羽奇。机杖茵蓐诸侯仪。群臣拜舞天颜舒。我王何忧能不移。饥不遑食四体疲。

河姆渡遗址发掘中还出土了麻织物残片和印有麻织物印痕的大量陶片。以此可追溯麻织物的源头，至少为一万多年前的新石器时代。《农桑辑要》载："苎麻本南方之物。"的确如此，苎麻生长环境喜高温多湿，而江南水乡自古雨量充沛，气候温暖，河湖及沼泽密集，正适合苎麻的生长繁殖。据史料记载，苎麻经历了史前人们从原始山野取而用之到后世的有意栽培，随着需要量的增多，其加工技术和产量逐步提高和增加。唐宋以后，苎麻被称为"中国草"。盛极一时，飞跃发展，远销海外。

麻类植物的韧皮纤维生长在麻茎的初生韧皮内部，纤维生长顺畅，韧性强，不绉缩，细而轻，且有光泽，可谓优质纺织原料。但其表面有节，常见明显竖向纹。取麻纤维以制衣的方法较多，如劈、析，这类方法取得的麻纤维粗、硬，为了使麻纤维柔软纤细，古人还采用了沤、煮、晒等方法进行脱胶、增白处理。《诗经·陈风·东门之池》载"东门之池，可以沤麻……可以沤苎"。

麻亦适合制作弓弦。《越绝书·越绝外传记地传》载"勾践欲伐吴，种麻以为弓弦"。麻还可充当粮食。《礼记·月令》篇载：孟秋、仲秋之月"食麻与犬"。时人所食之麻为一种麻所结的实，即麻子[①]。

1958年，在浙江吴兴钱山漾遗址中，出土了一些细麻绳及细麻布织物。为5 000年前的遗存，其经向密度为每厘米30根[②]。从目前考古发现可知的苎麻纺织品实物，最具代表性的为吴兴钱山漾遗址出土的3块织造精细的苎麻布及苎麻绳。

① 杨宽：《战国史》，上海人民出版社，1955年。
② 魏采苹、屠思华编著：《吴地服饰文化》，中央编译出版社，1996年。

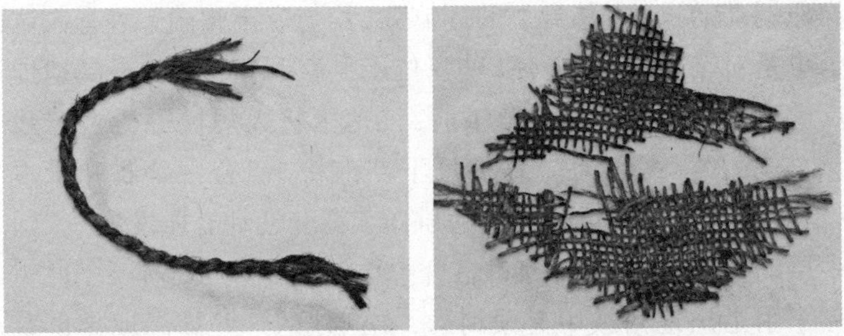

图 1–9　麻绳、麻布（1958 年浙江吴兴钱山漾遗址出土，复制品，良渚博物院提供）

苎麻布的组织形式为平纹织品，每平方厘米经线24—31根，纬线16—20根。由此可知，当时的麻纺技术已经达到了相当高的工艺水平。

吴越葛麻织物的相继出土，证明了古吴越人纺织技术的不凡及纺织业的发达，为后世吴越服饰文化的璀璨夯实了基础。

三、植桑养蚕

吴越先民将野蚕逐渐驯化成家蚕饲养，丝织品成为重要而高贵的衣料，该地区蚕桑业自此历代不衰，不断发展并走向成熟。

《史记·五帝本纪》载，黄帝居轩辕之丘，而娶西陵之女嫘祖。嫘祖被民间奉为“先蚕”，此说始于北周。

而据考古发现，浙江境内距今7 000年前的河姆渡遗址中发现有似丝印痕。距今7 000年前的浙北嘉兴地区桐乡罗家角文化遗址第三文化层，有桑孢粉遗存。1977年在浙江河姆渡遗址第二次发掘中，出土了一件牙雕盅[①]，“上面刻有四条

① 出土时，定名为“盅”，后经专家学者反复研究，认为是杖饰，易名“杖饰”。

像似蠕动的虫纹，其身上的环节数，均与家蚕相同”、“有人认为也是对蚕的形象的模拟”[①]。位于上海市青浦县的崧泽遗址反映了距今5 000—6 000年前，该地区较大规模进行人工栽桑、养蚕的频繁活动。该遗址下部孢粉“组合中桑属和禾本科花粉数量增加，反映人类的耕作和畜养活动有所发展”。到中层的上部时，“此时孢粉组合中桑树花粉数量非常多，说明除了附近山地植被中有桑树外，在当地的一些高岗地带也有较多的桑树生长……”[②]。1959年，江苏文物考古队在江苏吴江县梅堰袁家良渚文化遗址发掘出陶壶底部有蚕纹的黑陶蚕纹陶壶。其下腹部卧有五条双首蚕纹。该物件距今约5 000年历史。

1958年，浙江吴兴钱山漾文化遗址出土的丝线、细丝带、残绢片等，经专家鉴定已有4 700年的历史，其丝为家蚕丝，织物为平纹组织绢，组织光洁、细微，经纬密度每平方厘米48根。这是

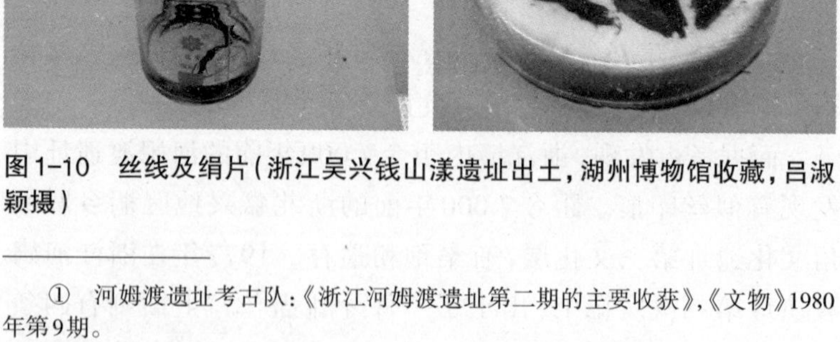

图1-10　丝线及绢片（浙江吴兴钱山漾遗址出土，湖州博物馆收藏，吕淑颖摄）

① 河姆渡遗址考古队：《浙江河姆渡遗址第二期的主要收获》，《文物》1980年第9期。

② 王开发、张玉兰、蒋辉、叶志华：《崧泽遗址孢粉分析研究》，《考古学报》1980年第1期。

中国迄今为止发现的最早的丝织品。这在服饰考古中可以说是相当重要的发现。

浙江省文物管理委员会对于这一遗址的发掘报告发表在《考古学报》1960年第2期:"第二次发掘时,在探坑22出土不少麻、丝织品。麻织品有麻片残片、细麻绳;丝织品有绢片、丝带、丝线等。大部分都保存在一个竹筐里。此外,在探坑12和14里也有少许麻丝织物残片出土。这些麻丝织品除一小块绢片外,全部炭化,但仍保有一定韧性,手指触及尚不断裂。"

《左传·襄公二十九年》(公元前544)载"聘于郑,见子产,如旧相识。与之缟带,子产献纻衣焉"[①],说的是吴国季札访问领国郑国时,赠送给郑国彩绸为礼物。可见吴国丝绸的贵重,已得到世人肯定和瞩目。越王勾践时,蚕桑业从规模上、农业技术、丝绸纺织业水平上都有一定的发展,且较为普及。蚕桑经济地位显赫。当时,越国民众已经意识到肥力对桑田种植的作用,《越绝书》载:"畴粪桑麻,播种五谷。"《越绝书》卷四《越绝计倪内经》载:"省赋敛,劝农桑,饥馑在问,或水或塘,因熟积以备四方。"

《史记·吴太伯世家》载"吴王僚九年(公元前518)……楚边邑卑梁氏之处女与吴边邑之女争桑,两女家怒面灭。两国边邑长闻之,怒而相攻。故遂伐楚,取两都而去"。这一事件说明,春秋时期,蚕桑业在吴国经济产业中占据重要地位。这一吴楚争桑事件在《吴越春秋》、《史记·伍子胥列传》、《史记·楚世家》中也有记载。

与伍子胥所见的"击帛"都是蚕桑业发展的实据。当时,

① 杨伯峻编著:《春秋左传注》(修订本),中华书局,1990年,第1166页。

图1-11 蚕纹象牙盖帽形器(复制品,河姆渡遗址博物馆收藏,张淑蓉摄)

越国民间丝绸花色品种就有帛、丝、罗、縠、纱等。汉代刘向《说苑》载有吴国欢迎晋国老臣叔向到来的盛大仪式:"吴人拭舟以逆之,左五百人,右五百人,有绣衣而豹裘者,有锦衣而狐裘者。"[①] 从迎接队伍服饰可见,当时吴国锦绣丝绸服饰的丰富。

以上发掘足以证明长江流域江浙一带已经有了育蚕织绸业,吴越先民的养蚕、缫丝、织绢技术已经达到一定水平。

除了出土文物及史料记载,关于蚕神马头娘[②] 的神话传说出自东晋嘉兴海盐人干宝著《搜神记》中:

旧说太古之时,有大人远征,家无余人,唯有一女。牡马一匹,女亲养之。穷居幽处,思念其父,乃戏马曰:"尔能为我迎得父还,吾将嫁汝。"马既承此言,乃绝缰而去,径至父所。父见马惊喜,因取而乘之。马望所自来,悲鸣不已。父曰:"此马无事如此,我家得无有故乎?"亟乘以归。为畜生有非常之情,故厚加刍养。马不肯食,每见女出入,辄喜怒奋击。如此非一。父怪之,密以问女。女具以告父,必为是故。父曰:"勿言,恐辱家门。且莫出入。"于是伏弩射杀之,暴皮于庭。父行,女与邻女于皮所戏,以足蹙之曰:

① 刘向:《说苑·正谏》,《白话说苑》,岳麓书社,1994年。
② 在中国古代,人们把蚕神称作"马头娘",又称"蚕花娘娘"等。

图1–12 新石器时代陶纺轮(1958年浙江吴兴钱山漾遗址出土,嘉兴博物馆提供)

图1–13 新石器时代良渚文化陶纺轮(1988年海宁坟桥港遗址出土,海宁市博物馆提供)

"汝是畜生,而欲取人为妇耶?招此屠剥,如何自苦?"言未及竟,马皮蹶然而起,卷女以行。邻女忙怕,不敢救之。走告其父。父还,求索,已出失之。后经数日,得于大树枝间,女及马皮尽化为蚕,而绩于树上。其茧纶理厚大,异于常蚕。邻妇取而养之,其收数倍。因名其树曰"桑"。桑者,丧也。由斯百姓竞种之,今世所养是也。言桑蚕者,是古蚕之余类也。①

这一神话传说在江南流传甚广,奠定了江南蚕农的蚕神信仰,历代虔诚膜拜。当地人还将蚕谓之"宝宝",养蚕女子谓之"蚕娘",沿用至今。

在江南蚕乡重镇洲泉,2008年举办了第八届双庙渚水上蚕花胜会,再现了蚕神信仰的传统文化之壮观场面。(图1–14至图1–19)

综上所述,诸多丰富的原始纺织工具的出土,葛麻残片、

① 晋干宝撰、曹光甫校点:《搜神记》,上海古籍出版社编《汉魏六朝笔记小说大观》,上海古籍出版社,1999年,第384页。

图1-14　蚕花胜会（张新根摄）

图1-15　摆放祭品（张根荣摄）

图1-16　迎蚕神队伍（张根荣摄）

图1-17　抬蚕神（张根荣摄）

图1-18　蚕神落座（张根荣摄）

图1-19　祭拜蚕神场景（李群力摄）

蚕纹、家蚕丝、绢片的出土，足以证明吴越先民已经具备了利用自然植物纤维及栽桑养蚕的技术，已经可以制作和运用原始纺织工具以纺纱织布、缫丝织绸。故而吴越之地可谓葛、麻、丝的故乡。

第二节　吴越先民肤齿装饰

《吕氏春秋·知化篇》载："吴之与越也……习俗同。"《越绝书》卷七《越绝外传记范伯》载："吴、越二邦，同气共俗。"可见吴越习俗上的共通性。这种"同气共俗"在服饰形象上的表现为"断发文身"、"雕题黑齿"，形成了吴越先民独特的肤齿装饰特色。

一、断发文身

"断（被）发"即不留头发，将长发剪断、剪短，也称"剪发"、"祝发"、"短发"、"劗发"等。"文身"也称"刺青"，就是在身体上以锐器刻画花纹或文字，而后施色。"断发文身"也称"鬋发文身"、"文身鬋（剪）发"、"文身断发"、"被发文身"、"文身被发"、"祝发文身"等。为吴越先民装饰身体的传统习俗。《战国策·赵策二》："被发文身，错臂左衽，瓯越之民也。"《庄子·逍遥游》："宋人资章甫而适诸越，越人断发文身，无所用之。"《史记·越王勾践世家》载少康之庶子封于会稽[①]建立越国[②]时："文身断发，披草莱而邑焉。"

吴越人"文身"按照装饰身体不同部位，可分为"雕题"、

---

① 今浙江省绍兴市境内。
② 当时的越地，包括后来的部分吴地。

"错臂"、"画面"。"雕题"即额头上的花纹装饰;"错臂",即手臂上的花纹装饰;"画面",也称"黥面",即面部的花纹装饰。

(一) 吴越断发文身与中原礼制的异同

《礼记·王制》载:"东方曰'夷',被发文身;南方曰'蛮',雕题交趾;西方曰'戎',被发毛皮;北方曰'狄',衣羽毛,穴居。"这是中原人略带贬义地描述边远民族的形象。古吴人甚至还将"断发文身"视为本民族的尊严,长期保持,但由于观念的差异,故至三国时期,这个地区的人们仍有"荆蛮"或"蛮人"之称。"断发文身"为吴越人最突出的标志和特殊生活习俗,也是吴越人展现在世人面前最为突出的形象和风采。《淮南子·齐俗训》载:"三苗髽首,羌人括领,中国冠笄,越人劗发,其于服一也。"越人劗发,即指断发,其形象为"额前为短发,髡顶,椎髻,盘于脑后"[①]。在吴越多处遗址出土的文物中,有大批骨笄及文身束髻的实物形象,可考吴越人断发习俗之久远,为学术界相关领域提供了鲜活的研究实证。

较为典型的考古发掘为1954年在江苏丹徒大港背山顶春秋墓[②]出土的"断发文身"形象。出土物之一为青铜鸠杖一件,其杖首一鸠,杖镦末端有一裸体人像,其发饰为"断发",即前额、两鬓、耳上部的头发剪短,造型齐整。有趣的是,其后脑梳双髻。另外,文身图案广泛分布于胸、背、臀、股,当是吴人[③]。在背山顶墓中还发掘有一件青铜悬鼓,围鼓环座四人,均跪坐,其发饰为前额短发,文身图案遍布全身。分析以上五人文身图案,主要以卷云、漩涡、鳞片纹呈现,不难想像,水乡民众的亲水情节和心理。其状如"鱼龙"、"鳞虫",这完全与历

① 张敏:《关于吴文化的几个问题》,载于《南京博物院集刊》1987年第9期。
② 为吴王余昧墓。
③ 《江苏丹徒背山顶春秋墓发掘报告》,《东南文化》1988年第3、4期。

史文献记载相符。

在中原，戴冠有显示身份之作用。不戴冠的人的身份分别为：儿童、平民、罪犯、异族。平民虽不戴冠，但却戴巾。《礼记·曲礼上》载“男子二十，冠而之”，《墨子》载：梁国见越国使者诸发，由于越人断发之俗与中原礼仪之异，梁臣韩子与诸发争辩起来。显然，中原传统服饰礼制恰与吴越人断发不冠相悖。

值得强调的是，吴越发式与中原发式除了“断发”之区别外，还有一致之处，即发髻。据上面所述及《吴越春秋·寿梦传》载，吴王寿梦曾对鲁国人说：“孤在夷蛮，徒以椎髻为俗，岂有斯之服哉？”说明吴国人除“断发”外，还与中原人一样梳有发髻。也就是说古吴人的断发、椎髻是并存的。历史文献中往往强调吴越人的“断发”，而忽视了其与中原发式的共同特点——发髻。《国语·吴语》载：越王勾践夫妇被吴国释放归越后，夫人“去笄侧席而坐”。也说明吴越人确梳发髻，因为与发髻配套的插笄是不可或缺的装饰，且具有固牢发髻的实用功能。但吴越人因为“断发”所形成的发髻形态与中原人不“断发”的发髻形态又是有区别的。吴越人的“被发椎髻”，亦被称作“椎髻”、“椎结”、“魋结”。《史记·陆贾列传》载“谓为髻一撮似椎而结之”，《汉书·陆贾传》载：“一撮之髻，其形如椎。”位于嘉兴市郊大桥乡南子村的大坟遗址崧泽文化层，曾出土一件陶瓶，该陶瓶为人首，人首脑后有一个向上翘起且外凸明显的发髻，发髻末端有一纵向小孔（如图1–20）。据专家推测，这一小孔有可能为插笄所用。这一人首发髻形象被认定为吴越先民“被发椎髻”的最早样式。后经商周、汉代仍流行此俗。《后汉书·度尚传》称之为“魋结之民”、“椎髻鸟语之人”。

图1-20　人首陶瓶①（浙江嘉兴市郊大桥乡南子村大坟遗址崧泽文化层出土，嘉兴博物馆提供）

而关于吴国的建立，有这样一个故事：周太王古公亶父有三子，依次为：太伯、伯雍、季历，而姬昌为季历之子，此人才能出众，为周太王所赏识，故欲传位于季历，但这样就违背了嫡长子继承制。太伯、伯雍为了让贤，南奔荆蛮，并因袭其俗，特别是尊崇当地服饰习俗——"断发文身"。当地荆蛮土著居民时见太伯、伯雍二人之举，自然是"义之"、"敬之"，太伯二人由此受到当地人的爱戴，带领民众共建"句吴"，即吴国。诸多史籍对该史实均有记载：《史记·吴太伯世家》载："泰伯②、伯雍二人，乃奔荆蛮，断发文身，示不可用。"《史记·周本纪》载："亡如荆蛮，文身断发。"《吴越春秋·吴太伯传》亦载："遂之荆蛮，断发文身，为夷狄之服。"《左传·哀公七年》载："大伯端委以治周礼③，仲雍④嗣之，断发文身，赢以为饰，岂礼也哉？有由然也。"《穀梁传》哀公十三年有"吴夷狄之国也，祝发文身"。《论衡·四讳篇》载太伯语："吾之吴越，吴越之俗，断发文身。"《论衡·四讳篇》载太伯"断发文身，以随吴俗"。太伯亦成为吴国的始祖，而其后吴国

① 高21厘米，腹围28厘米，圈足径7厘米。
② 泰伯：即太伯。
③ 大伯：即太伯。端委：玄端之衣、委貌之冠，均周统一以前的礼服。
④ 仲雍：吴太伯弟。

历代君王及吴人均以此为“国俗”。吴国末代君王夫差时，吴国已发展成为统治大江南北的“大吴”，可谓“东方之大国”，被中原称为“东夷”。《史记·鲁周公世家》载，吴王夫差曾对鲁人说“我文身”，即说明吴国“文身”现象依然普及。

（二）吴越断发文身之俗的服用功能

1. 避免侵害的实用说

吴越“断发文身”习俗的产生，与人们生存的自然地理环境有着直接关联。吴越境域东临大海，气候温和湿润，江河纵横，湖泊棋布，吴故都苏州素有“水乡泽国”之称。人们长期生活在水边，“陆事寡而水事众”。多水的自然地理条件最适合水稻的种植。《史记》载：“吴越之地，地广人稀，饭稻羹鱼，火耕而水耨。”在吴县的草鞋山遗址，考古发现有中国最早的粳稻，证明了吴越之地为中国稻作农业最早的起源地，吴越先民早在六七千年前就掌握了水稻栽培技术，在长期的水中种植过程中，自然会意识到水生动植物的丰富，捕之以食，或做他用。

在长期的生产劳动中，吴越先民发现，拖沓的头发会增加泅水阻力，故而断发为之，具体形象：将额前的头发剪短或干脆剃光，而脑后的头发挽成发髻。短发及椎髻还可避免水草缠绕。《史记·吴太伯世家》，载“常在水中，故断其发，文其身，以象龙子，故不见伤害”。《穀梁传》哀公十三年说：“吴，夷狄之国也，祝发文身。”范宁注曰：“祝，断也。文身，刻画其身以为文也。必自残毁者，以辟蛟龙之害。”《事物起源》载：“今世俗皆文身，旧云起于周太王之子吴泰伯，避王季历而之句吴，断发文身，以像龙子，避蛟龙之患。”

可见，吴越先人的“断发文身”习俗是为了迎合生产活动，以减少水中阻力及危险的作业方式而形成的。

吴越先民断发梳髻，但不戴冠，这明显相悖于先秦中原文化礼制。在中原，按《礼记》规定：成年男子必须加冠束发，否则将被视为非礼。吴越先民在当时由此被视为“蛮”人，即被中原人认定为还未文明开化。《吴越春秋·寿梦传》载，吴王寿梦曾出访中原，“朝周，适楚，观诸侯礼乐”，他大加赞赏了中原礼乐文化，说：“孤在夷蛮，徒以椎髻为俗，岂有斯之服哉？”

2. 雕刻花纹的装饰说

可以这样认为，断发文身是吴越先民对自身形象的一种强化，除却实用说外，还具有一定的装饰性。丹徒背山顶出土的吴国青铜人像身上的“文身”为云雷纹，该纹样被广泛地应用在同时期的青铜器物上。这一例证说明吴人“文身”同样具有装饰作用。

吴越先民无论是断发，还是文身，都是人为地改变自身外观形象的行为。《世界文明史》中说：“重要的不是完成的作品本身，而是制作的行为。”文身的行为之目的，有可能是象征标识、原始信仰，或者是异性吸引、装饰审美，都充分呈现了吴越先民的人体装饰特色。

如前所述，吴越先民为了适应生产环境的需要而断发文身，同时，还会裸露部分身体。“断（被）发文身，臝（裸、倮）以为饰”。因此吴越之地曾被称为“裸国”，其民自然也被称为“裸民”。《风俗通义》载“裸国，今吴郡是地，被发文身，裸以为饰”，《论衡·书虚篇》载“禹时，吴为裸国，断发文身”①。服饰具有装饰作用，无可厚非。而赤身裸体或少着服饰的地区或民族，全身或大面积裸露的身体，最为直接和长效的装饰手法便是文身。我们看到的文身现象多产生于炎热的非洲、中国海南岛的黎族、台湾岛的高山族等，原因之一就是因为炎热所

---

① 吴树平：《风俗通义校释·风俗通义佚文》，天津人民出版社，1980年。

导致的全身或大面积的身体裸露，而裸露的身体进行文身装饰可以直接展示其美。同时，也迎合了学术界普遍认同的人类着装的动机之一，即异性吸引说。约瑟夫·布雷多克在《婚床——世界婚俗》中说："在一个人人不事穿戴的国度里，裸体必定清白而又自然。不过，当某个人，无论是男是女，开始身挂一条鲜艳的垂穗，几根绚丽的羽毛，一串闪耀的珠玑，一束青青的树叶，一片洁白的棉布，或一只耀眼的贝壳，自然不得不引起旁人的注意，而这微不足道的遮掩竟是最富威力的性刺激物。"以此为例，是不是可以推测，吴越先民的文身也具备了异性吸引的效应，这也许是吴越先民在裸露的身体上呈现雕刻花纹装饰的原因之一。

闻一多先生曾认为：图腾文化消逝后，文身变相为服饰。吴地"文身"装饰为苏绣的产生奠定了基础，这一点将在本节后文进一步阐述。

3. 祓除不祥的图腾说

关于民族起源及服饰成因，丰富多彩的神话传说中几乎都包含有图腾崇拜，这符合原始人对诸神存在的一种无比崇敬的心理。

吴越先民长期在水中的生产生活中，害怕水中动物对自身的伤害，最为恐惧的当属"蛟龙"①，视其为水神。《吴越春秋》载，吴王阖闾元年（公元前514），下令给大臣伍子胥，命其筑吴大城（今苏州），为突出吴的象征性，在南城门上雕刻龙纹。证明了水神——龙在吴国的崇高地位。而吴越民众对水神的崇拜最为通俗的表现形式即为"文身""以象龙子"。《山海经·海内东经》载："震泽中有雷神，龙身而人头，鼓其

① 也有人将"蛟龙"认为是鳄鱼。

腹则雷。在西吴。”[①]《淮南子·原道训》载：“为蛟龙之状。”《战国策·赵策》载“像鳞虫”，“作鱼龙、飞仙、神鬼等像”。《说苑·奉使篇》载，越国人“处海垂之际，屏外蕃以为居，而蛟龙又与我争焉，是以翦发文身，烂然成章，以像龙子者，将避水神也”。

综上所述，吴越先民的“文身”行为，除了实用意义外，更深一层的涵义是源于自然的图腾崇拜和巫术信仰。以像其纹、似其形的方式期望得到水神的祐护，因而形成“翦发文身，烂然成章，以像龙子”的习俗。同时也显示了自己身份的尊贵，有学者认为还可作为增强血统观念的手段。

二、雕题黑齿

所谓“雕题”指的是以丹青颜色绘画花纹于前额，不同于文身的是其纹样不定型，即不刺破肌肤。《礼记·王制》载：“雕，谓刻也；题，谓额也；谓以丹青雕刻其额也。”而“黑齿”指的是以草汁等为染料，染黑牙齿，或连根祓除牙齿，视觉上呈黑洞。《史记·赵世家》载“以草染齿，用白作黑”。

梳理古籍史料，发现记载吴越这一民俗特征的史料较为丰厚，成为后人研究的有力佐证。《吕氏春秋·求人篇》载：夏禹曾东至“黑齿之国”。《战国策·赵策》载：“雕题黑齿，鳀冠秫缝，大吴之国也。”《吴郡赋》载：“雕题之士，缕身之卒，比锦虬龙，蛟螭以对。”《淮南·墬形训》载：在中国东南居住着“黑齿民”。即吴越先民。《管子·小问篇》载：“昔者，吴、干战、未龀，不得入军门。国子擿其齿，遂入，为干国多。”《管子·小匡篇》载：齐桓公“南至于吴越……雕题黑齿”。说明春秋时期，吴越

① 孔安国注：“震泽，吴南太湖名。”

先民普遍雕题黑齿。

综上所述,“黑齿”的表现形式除了以染料染黑牙齿外,另一种普遍采用的形式就是“拔牙”,也被称为“凿齿”或“擿齿”。《山海经·海外南经》载“羿与凿齿战于寿华之野,羿射杀之”。《大荒南经》载“有人曰凿齿,羿杀之”。这里提到的凿齿之人,即为吴越先民。这一记载可证明,在吴越之地,吴、越两国立国之前,“凿齿”习俗已经存在,且较为普遍,该习俗延续至吴越两国立国后。待吴灭干后,干人成为吴人,“凿齿”随俗。吴越国尊崇的椎髻、雕题凿齿习俗也被其后裔继承。如《太平寰宇记》卷一百六十七《钦州》载:钦州的越人后裔僚子继承了其前辈“椎髻凿齿”习俗。《太平寰宇记》卷一百六十七《邕州》载:邕州的越人后裔也继承了其祖辈的独特习俗,其服饰形象为“雕题凿齿,画面文身”。

据相关文献载,拔牙之俗不限于吴越。干越、濮、俚、南平僚、守宫僚、乌浒(乌武)僚、都(土)僚、夷僚及其后裔仡佬族、壮族、傣族等。晋代张华撰《博物志》:“荆州极西南界至蜀,诸民曰獠子。妇人妊娠,七月而产,临水生儿。……既长,皆拔去上齿牙各一,以为身饰。”《旧唐书·南蛮传》:“三濮在云南徼外千五百里。有文面濮,俗镂面,以青涅之。赤口濮,裸身而折齿。”《新唐书·南蛮传》载:“又有乌武僚……故自凿齿。”《太平寰宇记》卷七十七称,川西南“夷僚生子,长则拔去上齿加狗牙各一,以为华饰”。同书卷一百六十六称贵州(今广西贵县地)“有俚人,皆为乌浒。……女既嫁,便缺去前齿”。又邕州百姓“悉是雕题凿齿,画面文身”。同书卷一百六十七称钦州“又有僚子,巢居海曲,每岁一移,椎髻凿齿”。《续资治通鉴长编》载熙宁八年(1075),熊本疏称南平僚“居栏栅,妇人衣通裙,所获首级多凿齿”。李京《云南志略》:“土僚蛮,叙州南乌蒙北皆是，男子十四五则左右击去两齿，然后婚聚。……人死则以棺木盛之，置于千仞颠崖之上，以先坠者为吉。”①田汝成《行边纪闻》：“……父母死，则子妇各折其二齿投之棺中，云以赠永诀也。”②

而据考古发现，属百越文化系统的拔牙遗址有江苏邳县大墩子、上海崧泽、湖北房县七里河、福建昙石山、广东增城金兰寺存村、佛山河宕、台湾屏东鹅銮鼻和恒春垦丁等新石器时代遗址。据相关历史文献记载，上述考古遗址均为古越人聚居或散居之地，故当属越人遗骨。

江苏邳县大墩子遗址出土了六十五具男女遗骨，有64.6%的个体男女拔除上颌侧门齿、中门齿、犬齿和臼齿③。而属马家浜文化遗存的常州圩墩遗址就出土了拔牙标本，距今约六千年。上海崧泽遗址发现的人骨标本，就有拔除门齿现象。

多数学者认为太湖流域史前文化的拔牙习俗是受到了山东史前文化的影响而存在。这是因为诸多考古现象可证明，史前文化时期，太湖流域与山东地域交流较频繁，交流必然造成文化的交融。典型例证如：大汶口文化彩陶壶曾出土于上海青浦泉山良渚文化遗址，而位于江苏新沂马陵山西麓的新石器时代大汶口文化遗址——花厅遗址，其墓葬中发掘出大量良渚文化器物④。据专家分析，山东史前文化习俗——拔牙，对太湖流域同时期的影响，有可能发生在马家浜文化时期，即距今六七千

---

① 《说郛》卷三十六。

② 据《隋书·南蛮传》载：“南蛮杂类，与华人错居，曰蜒、曰獽、曰俚、曰獠、曰㐌，俱无君长，随山洞而居，古先所谓百越是也。”故本段所述民族名称，为越人，或越人后裔，或越人中的不同支系。

③ 《江苏邳县大墩子新石器时代人类骨骼的研究》，《考古学报》1974年第2期。

④ 上海市文物保管委员会：《上海青浦福泉山良渚文化墓地》，载《文物》1986年第10期。

年，较为久远。且越靠近山东，即越往北，拔牙习俗越普遍和越明显。

三、吴越先民肤齿装饰对国内外的影响

（一）吴越先民肤齿装饰对国内的影响——以苏绣为例

吴越之地，蚕桑业久远而发达，丝绸面料应用广泛，单一色彩的丝绸面料加上刺绣花纹，必将使飘逸灵动的丝绸面料锦上添花，提升其美感。吴地苏绣后于蚕丝业而萌芽、发展，首先表现在吴地的服饰上。从上古至春秋战国，吴地苏绣进入初创阶段。

学界普遍认同，吴地“文身”装饰促进了苏绣的起源，两者具有一定渊源关系。的确如此，随着生产技艺的发展和社会文明的进步，裸体文身逐渐退出历史舞台，取而代之的是穿衣披裳。文身的魅力在于纹样的灵动，刺绣取而代之，不但继承了这一装饰形式，而且提升了装饰效果，同时避免了刺痛之苦。

1958年，浙江吴兴钱山漾文化遗址发现有丝线、细丝带，还发现了中国迄今为止发现的最早的丝织品——残绢片。1959年，江苏吴江梅堰遗址，出土了新石器时代的56根骨针，“长短粗细不一，有的圆柱穿孔，孔部扁圆；有的圆孔较大，这些骨针的磨制穿孔技术较精细”[①]。1972年，苏州吴县唯亭草鞋山遗址出土了距今6 000年的葛织物。综上所述，从吴地出土的诸多新石器时代的丝、葛等织物、骨针、丝线等缝缀用品可以推测，吴地在上古时期就有了刺绣的萌芽。

西汉刘向《说苑·正谏》载：“晋平公使叔向聘于吴，吴人拭舟以逆之，左五百人，右五百人，有绣衣而豹裘者，有锦衣而狐

① 《江苏吴江梅堰新石器时代遗址》，《考古》1996年第6期。

裘者。”这是吴人迎送外交使节的宏伟场面，服饰形象豪奢，这里所提到的“绣衣”即刺绣服饰。这是有关苏绣的最早文献记载，根据晋平公执政时间推测（前557—前532）可知，吴地至少在2 500年前披锦饰绣服饰形象已经普及，“文身”装饰已被绣衣取替，但两者的内在关联却是有目共睹的。

苏绣的早期形态以绣衣、绣帕等生活实用绣品为主。《吴越春秋·夫差传》载：“吴王临欲伏剑，顾谓左右曰，吾生既惭，死亦愧矣。使死者有知，吾羞前君地下，不忍睹忠臣伍子胥及公孙圣，使其无知，吾负于生。死必连緊组以罩吾目，恐其不蔽，愿复重罗绣三幅，以为掩明。生不昭我，死勿见我形。吾何可哉！”

（二）吴越先民肤齿装饰对国外的影响——以日本为例

依据历史文献及出土文物可证明，吴文化是倭文化之源，倭文化是吴文化之流[①]。

著名历史地理学家陈桥驿先生在其论著《吴越文化与中日两国的史前交流》一文中云：……宁绍平原环境恶化后，他们利用简单的独木舟或者木筏漂洋过海，流散到台湾、琉球、日本的南部以及东南亚等地。漂移海外的这批人，《越绝书》称他们为“外越”或“东南外越”。陈桥驿先生还特别指出，在日本的旧地名中有“越前”、“越中”、“越后”等许多含有“越”字的地名，日语音读中的许多词汇均是越音，这些都是古代越族到达这个地区的标志[②]。

① 倭是古代日本的旧名，唐代改名日本。《旧唐书·东夷列传·倭国·日本国传》载：“日本国者，倭国之别种也，以其国在日边，故以日本为名。或曰倭国自恶其名不雅，改为日本；或云，日本旧小国，并倭国之地。”转引自王文清《吴文化与倭文化》。吴文化，是中国商周时期东海之滨、江淮下游地区吴国、吴人的文化。倭文化，是中国古代东海之东日本列岛倭人、倭国的文化。转引自王文清《吴文化与倭文化》。

② 佘德余《浙江文化简史》，人民出版社，2006年。

1. 断发文身之影响

汉魏以来的日本列岛居民，即倭人一直自称为“太伯[①]之后”。其文化习俗与吴相同或相近，表现在服饰形象上，首先为吴的文化符号特征之一——“断发文身”。

《梁书·诸夷传》载：“倭者，自云太伯之后，俗皆文身。”《北史·倭国传》载“俗皆文身，自云太伯之后”。《三国志·魏书·东夷传》载“……断发文身，以避蛟龙之害。今倭水人好沉没捕鱼蛤，文身亦以厌大鱼小禽……”。可见，倭人“俗皆文身”，且“自云太伯之后”，文身习俗与吴同，且符合前文论述的“避免侵害的实用说”，是对吴国文化符号的继承。但倭人的黥面文身也有其自身规定，如：《后汉书·东夷列传·倭传》载：“男子皆黥面文身，以其文左右大小，别尊卑之差。”《三国志·魏书·东夷传》载“男子无大小皆黥面文身……诸国文身各异，或左或右，或大或小，尊卑有差”。

倭人对吴国文化符号的继承，表现在服饰形象上，除了文身以外，最为突出的还有断发椎髻、徒跣等。《三国志·魏书·东夷传·倭人传》载“其风俗不淫，男子皆露紒，以木绵招头……倭地温暖，冬夏食生菜，皆徒跣”。《新唐书·东夷列传·日本传》载“其俗椎髻，无冠带，跣以行”。

2. 雕题黑齿之影响

吴人的“雕题黑齿”之俗在日本同样得到了继承和发扬。据日本考古实物证明，倭人“凿齿”、“黑齿”习俗普遍。

《日本考古学辞典·土井浜遗址》载：位于日本北九州山口县丰北町附近的土井浜遗址，曾发掘出土了约200具绳纹文化[②]

① 太伯：即吴太伯，吴国开国君主。
② 在日本，公元前二三世纪以前时期为绳纹文化时代。

末期至弥生文化[①]初期的人骨，专家根据实物考证并推测，这一时期，日本拔齿现象普遍[②]。专家还推测，这些人生前很有可能就是流行"椎髻凿齿"等习俗的倭人。

《后汉书·东夷列传·倭传》、《三国志·魏书·东夷传·倭人传》载：倭种被称为"裸国、黑齿国"。这里的"裸"，即指似吴人的"断发文身，羸以为饰"习俗；而"黑齿"，也指似吴人的"黑齿雕题"习俗。

3. 整体形象之影响

《后汉书·东夷列传·倭传》载："其男衣皆横幅结束相连。女人实屈紒（髻），衣如单被，贯头而著之，并以丹朱坋身，如中国之用粉也。"《三国志·魏书·东夷传·倭人传》载："男子皆露紒（髻），以木绵招头。其衣横幅，但结束相连，略无缝。妇人被发屈紒，作衣如单被，穿其中央，贯头衣之……有屋室，父母兄弟卧息异处，以丹朱涂其身体，如中国用粉也。"《通典·边防一·东夷上·倭》载："男子皆黥面文身，自谓太伯之后，衣皆横幅结束，相连无缝。女人披发屈紒，作衣如单被，穿其中央，贯头而著之。并以丹朱涂其身，如中国之用粉也。"

综上所述，可说明，"自谓太伯之后"的倭人对其祖先吴越人的服饰习俗的继承，不仅表现在断发文身、椎髻无冠带、雕题黑齿等局部形象上，其主服，如男子衣皆"横幅"，妇女衣皆"贯头"衣，"以幅布蔽其前后，椎髻无冠带"也受到吴越服饰习俗的影响。其继承性涉及整体形象。

---

① 在日本，公元前二三世纪至公元三四世纪为弥生文化时代。

② 《日本考古学辞典·土井浜遗址》，转引自汪向荣《徐福——日本的中国移民》，《徐福研究十年》，南京大学出版社，1993年。

第三节　吴越先民服饰品

梳理吴越先民服饰品，从材质上看主要有骨、玉、青铜、石、木等。吴越地区诸多的文化遗址中均发现有大量兽牙及玉等制成的服饰品，如羽冠、三叉形器、玉梳背、梳、笄、带钩、木屐、串饰、玉镯、玉玦、玉璜、玉坠、青铜宝剑等。说明吴越先民已经具有原始的审美要求和审美情趣。

《天工开物》载："凡玉初剖时，冶铁为圆盘，以盆水盛沙，足踏圆盘使转，添沙剖玉，遂忽划断。"新石器时代的吴越先民在劳动过程中，发现并逐渐认识了似玉彩石，也说为玉器之雏形。

河姆渡之玉器文化揭开了中国玉器文化的序幕，是迄今为止，在中国发现的最早的玉佩之一，其玉料琢磨圆润，呈青绿色，微透明，通体光滑。

良渚文化承继了崧泽文化晚期玉器精华，逐渐形成了特色鲜明的玉器群。可以说，良渚文化玉器可以代表同时代长江流域诸多文化中琢玉工艺的最高水平。可以用"鹤立鸡群"、"异峰突起"、"非凡技艺"等词语来形容，均不为过。从大量的出土实物可见，其玉器技艺主要表现在切割、琢磨、打孔、浮雕、镶嵌、阴线刻纹等一般工艺及首创工艺。而在其数量、种类、纹饰、器形、功能、构思、设计上均具有独创性，且内涵丰富，与宗教、礼制、政治、军事等多方面内容息息相关，影响深远。

仅以良渚文化出土的玉器数量来看，就令人瞠目结舌，甚至难以置信。如璜、环、镯、琮、钺、璧、坠、珠、管、锥形器、带钩、柄端器饰等，另外，玉佩饰的形状也非常丰富，二十有余。在良渚文化大墓的发掘中，如余杭反山、余杭瑶山、汇观山、吴县草鞋山、青浦福泉山等十几处，均出土了随葬品中的大量玉器。以余杭反山十一座大墓出土的玉器统计数据为例，十一座大墓共挖掘出1 116件（组）玉器，出土玉器数量最多的一座大墓中就有260件（组）。另外，在昆山、吴县、常熟、武进、江阴、海安、嘉兴、海宁、桐乡、海盐、平湖、湖州等多地均发掘出良渚文化大型玉器及各种服饰品及佩件。其分布之广、数量之多足可证明良渚先民对玉料的开采、搬运、贮存、加工之先进。

许慎《说文解字》载："玉，石之美，有五德；润泽以温，仁之方也（有仁德）；鰓理自外，可以知中，义之方也（明义理）；其声舒畅，敷以远闻，智之方也（启智慧）；不挠而折，勇之方也（性正直）；锐廉而不枝，洁之方也（贵清廉）。"《礼记·聘义》载有玉德之十一项：仁、义、礼、知、信、乐、忠、天、地、德、道。《礼记·玉藻》载"君子以玉比德"，故"古之君子必佩玉"，"君子无故，玉不去身"。在中国，佩玉成为君子行为光明磊落、温文尔雅之象征。试想，文人雅士身上佩戴玉佩行走时，其步伐必将稳稳当当，不快不慢，只有这样才能听到悦耳动听的玉佩之声，也能体现出文人雅士的儒雅及心胸坦荡善良的性格特征。中国儒家服饰观将佩玉上升至礼，《诗》云"言念君子，温其如玉"，以喻君子所应具备的如玉般的品质。这一观念影响了后人，直至今日，中国人也以佩玉为雅。

一、上古羽冠及头饰

（一）羽人之习俗——羽冠装饰

《山海经·海外南经》曰："羽民国在其东南……一曰在比翼鸟东南。"《海内西经》曰："洋水……羽民南。"屈原《远游》曰："仍羽人于丹丘兮[①]，留不死之旧乡。"东晋孙绰《游天台山

① 丹丘：一说即浙江天台山，相传汉有丹丘老姥来此炼丹，故称丹丘山；一说丹丘故地即在今浙江省宁海县南。

赋》曰:“仍羽人于丹丘,寻不死之福庭。”而据考古发现,早在河姆渡文化时期,就发现有相关的羽冠装饰佐证。良渚先民可能也是史籍上所记载的羽民之一。

原始人以“万物有灵”理解自然界中的各种现象。认为万物万象背后都有一个能主宰人类福音与灾祸的神灵。原始人相信神灵具备灵魂,能力超凡脱俗。善灵主宰着人类的幸福和欢乐,恶灵主宰着人类的灾害和疾病。原始人类在变幻莫测的自然现象面前显得脆弱而渺小,他们认为自然界是非常神秘的,对自然界产生依赖感和敬畏感。为了得到神灵的佑护,对其进行膜拜成为原始人类不可或缺的生活内容。巫的出现即顺应了原始人的膜拜仪式需要。最初,凡人与神可以自由交流,因为“民神杂糅,家为巫史”。但由于“九黎乱德”,神的权威受到侵犯,社会秩序混乱,凡人生活苦不堪言。故圣王颛顼进行了被称为“绝地天通”的宗教改革,凡人不再拥有与神直接交流的权力。“命南正重司天以属神,命火正黎司天以属民”,“在男曰觋,在女曰巫”。

《说文解字》释:“巫,……以舞降神者也。”即巫觋与神灵沟通的方式为舞,服饰是文化的载体,也自然成为巫觋与神灵沟通的外显形式,服饰此时同样具有巫术的力量。如巫觋欲具备鹰的力量与智慧,在服饰上的直观表现即头部插戴鹰羽。据出土文物可知,巫觋以舞降神,以羽为舞饰较为普遍。

在浙江余杭反山良渚文化遗址出土的“玉琮王”(其重6.5千克),形状为内圆外方,符合古人天地相通的思想。该玉琮上的神人兽面纹形象即头戴羽冠,其状宽大,气势恢宏。该羽冠外观呈天穹形,羽毛束呈规整排列,分析其背面应为硬质靠衬,起到固定羽毛束的作用。有学者认为此像即为良渚统治者的形象,而非神,故也称之为“人兽纹”。另外,一并出土了三件

图1-21　玉琮[①]及其上的人兽纹（神徽图[②]）（1986年浙江余杭反山12号墓出土，浙江省文物考古研究所收藏）

呈倒梯形状的玉冠饰，其上“神徽”，即良渚人崇拜的“神人”形象即为头戴宽大的冠，冠上刻有放射状羽毛为饰，神圣且威严。该形象可代表原始部族的首领及神人形象。近代除良渚反山遗址外，瑶山高台墓葬群也出土了大量带有神人兽面纹样的不同玉器。

（二）史前之皇冠——三叉形冠饰

在中国史前，皇冠之雏形便以威武壮观的形象示人。最具代表性的为良渚遗址出土的三叉形器，该器为良渚上层权贵们的重要礼器。出土时位置均为墓主人头部。在良渚文化遗址出土的玉器群中，三叉形器造型最为独特，出土数量稀少，且每墓仅一件，故稀有而珍贵。

---

①　高8.8厘米，射径17.1—17.6厘米，孔径4.9厘米。矮方柱体，四角各琢有两组神人兽面纹。在琮体每个面的中部纵向刻有两组将头、面、四肢俱全的神人和二目圆睁、口露獠牙的兽面结合为一体的神人兽面纹。圆形完整，纹饰复杂，制作精细，是目前发现的良渚文化玉琮中最具代表性的器物。该图原载于《杭州古玉》，杭州历史博物馆李海主编，文物出版社，2003年。

②　原载于《良渚玉韵》，余杭博物馆、良渚博物院、宁波博物馆编，宁波出版社，2012年。

三叉形器的形制为：下端外缘圆弧状，弧状上端为对称状方柱体三叉，叉头平齐。高低分布有两种，一则三叉平齐，二则中间叉明显低于两侧。三叉多有钻孔，中叉孔均为纵向竖孔，两边叉有竖孔及隧孔两种。三叉形器的纹饰有三类：双面纹饰、一面纹饰、素面；其背面有两种式样，即平面、凸块。出土时，中叉上方连接一长玉管，旁边通常会伴有集束状锥形器。除此之外，三叉形器旁还常伴有插发髻之用笄，材质为玉或骨。

目前，学术界普遍认同，三叉形冠饰即史前皇冠，为中国最初的皇冠。其主要支架包括三叉形器、附饰、其他部件。如上文所述的良渚玉器上"神人"所佩宽大高耸的羽冠，其外形与皇冠相近，国外也有相似冠冕造型。据考古推测，古代阶级社会之初，行政首领、军事指挥、群巫之首之权通常由一人担当。在瑶山、反山等良渚文化出土的玉三叉形冠饰为统治者所佩的皇冠，属礼仪性冠饰。

例一：瑶山遗址三叉形器

1987年，良渚文化瑶山遗址M7出土了一件三叉形器（如图1–22）。颜色呈南瓜黄，中叉明显低凹，略宽，造型上窄下宽，中间钻有一个竖向直孔。左右两叉对称、高挺，其上部边缘略向外弧，上端两侧略向内凹。造型饱满、丰厚。正面饰有刻纹，纹样呈对称分布：左右两叉将头戴羽冠的神人头像一分为二，形断意连，不

图1–22　神人兽面纹玉三叉形器[①]
（1987年瑶山遗址M7：26出土，良渚博物院提供）

① 高4.8厘米，宽8.5厘米，厚0.8厘米。

失威武之势。神人羽冠形态借两叉顶端造型刻满羽饰，横向长方形脸庞，单圈为眼，嘴呈横向长条状，阴线刻画外露的上下两列平齐牙齿。中叉上端平行装饰刻画五组羽状纹，其下阴线刻画兽面图纹，其线条圆顺流畅。

例二：小林万陈村遗址三叉形器

2004年12月，良渚文化小林万陈村遗址M27出土了一件三叉形器（如图1-23）。颜色呈鸡骨白，下端如抛物线般圆顺，上端三叉齐平，左右两叉对称，且较中叉宽。正面不平，呈略弧凸状，有阴刻纹样，但由于受沁严重，纹样模糊。背面三叉部位及下端中央均有凸块，凸块上下对钻小圆孔。

图1-23 三叉形器[①]（2004年12月小林万陈村遗址M27出土，中国江南水乡文化博物馆提供）

（三）使用之广泛——锥形器

锥形器出土于大中小各等级墓葬，具有一定的普及性和平民性。除此之外，锥形器还具有明显的等级性。通常，只有在贵族墓穴中，会出现雕琢花纹或集束状的锥形器。关于锥形器的外观形制，可从其横截面形状不同来区分，如圆形、正方形、扁状长方形。在良渚文化锥形器中，早中期出土的方形锥形器特征为纹饰普及且规范，晚期方形锥形器应用广泛，数量与圆形器相仿，据出土的晚期末段的锥形器看，最常见的为底榫部无钻眼。

例一：横截面为方形锥形器

1986年，良渚文化反山遗址M15出土了一件横截面为方形

① 高3.2厘米，外径8.4厘米，孔径6.2厘米。

图1-24　良渚文化兽面纹玉方锥形器[①](1986年反山遗址M15：39出土，良渚博物院提供)

图1-25　良渚文化横截面为圆形锥形器(1986年反山遗址M14：107出土[②]，良渚博物院提供)

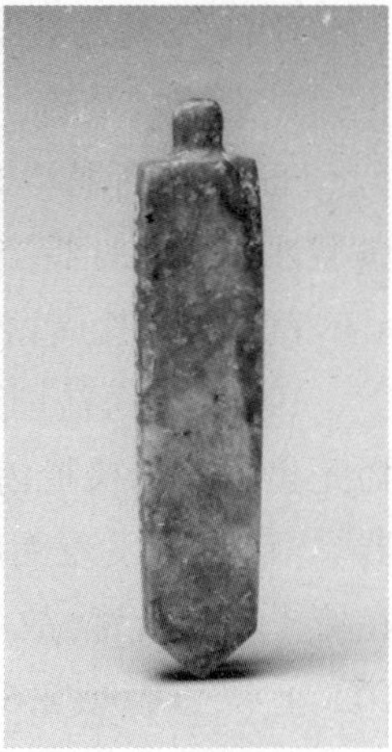

图1-26　良渚文化横截面为扁状长方形锥形器(1990年庙千遗址出土[③]，良渚博物院提供)

的锥形器（如图1–24），颜色呈南瓜黄，横截面呈正方形，但边缘微弧，外观饱满浑厚。接近榫头部位雕琢有神人兽面（半面）纹样，榫头有小孔，榫头顶端损坏。

例二：横截面为圆形锥形器

1986年，良渚文化反山遗址M14出土了一件锥形器（如图1–25），颜色为白，横截面为圆形，通体圆滑细腻，榫头有小孔。

例三：横截面为扁状长方形锥形器

1990年，良渚文化庙千遗址出土了一枚扁锥形器（如图1–26），颜色呈黄褐色，横截面为扁状长方形。

---

① 长4.54厘米，最大边长0.97厘米。

② 长9.6厘米，最大直径1.07厘米。

③ 长4.85厘米，宽1.05厘米，厚0.5厘米。

（四）发髻之装饰——上古插梳与笄

1. 玉梳背及梳

玉梳背，前称“玉冠状器”，出土数量多，在良渚玉器中具有典型性和普遍性特点，多摆放在墓主人头侧。

例一：海盐周家浜玉背象牙梳

1999年，海盐周家浜三十号墓中出土了一件玉背象牙梳，器物完整。象牙梳梳齿共六枚，无缺失，顶端插嵌一素面“玉冠状器”。该考古发现无可置疑地证明了“玉冠状器”其实就是镶嵌在梳子上的梳背，故考古界改称“玉冠状器”为“玉梳背”。通高10.5厘米，玉背顶宽6.4厘米，象牙梳上宽4.7厘米，厚0.6厘米。

孙机先生在其论文《上古插梳》[①]中这样评价该梳：“1999年蒋卫东先生主持发掘浙江海盐周家浜遗址时，在第30号良渚墓葬中出土一件象牙梳，下部有六枚梳齿，上部则嵌有玉‘冠状饰’，证明它原来用以作为梳背（如图1-27）。这确是一次突破性的发现，不仅对良渚文化的研究有重要意义；而且由于它的典重瑰奇，更唤起了文物考古工作者对上古插梳之俗的关注。”

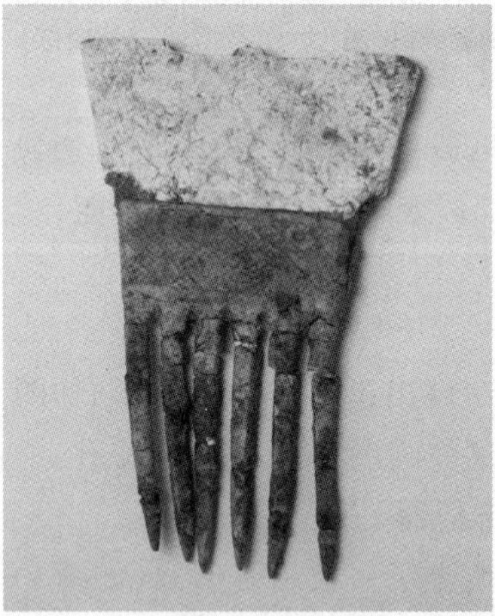

图1-27 良渚文化时期的玉背象牙梳（海盐周家浜M30出土，海盐县博物馆提供）

例二：瑶山遗址玉梳背

1987年，良渚文化瑶山遗址M2出土了一件玉梳背（如图1-28），器物平整，正面略向

① 孙机：《上古插梳》，载《中国文物报》2001年4月8日。

内凹,凹面中央阴刻神兽纹,纹样清晰威严,其下钻一椭圆形孔。玉梳背左右上角各阴刻一飞鸟,向神兽纹飞翔状。器物底边横向装饰一条卷云纹,榫部钻有三孔,连接梳子所用。

图1–28　良渚文化神人兽面纹玉梳背[①](1987年瑶山遗址M2出土,良渚博物院提供)

例三:反山遗址玉梳背

1986年,良渚文化反山遗址M17出土的一件玉梳背(如图1–29),整器呈左右对称状,器身有自然形成的不规则机理纹。顶部中央修割成"宝盖头",其下钻有扁状的椭圆形孔,正面雕琢兽面纹,背部无纹。榫部对钻四孔。

图1–29　良渚文化兽面纹玉梳背(1986年反山遗址M17:8出土[②],良渚博物院提供)

2. 笄

例一:吴江梅堰遗址骨笄

太湖流域新石器时代遗址挖掘中,出土了为数不少的骨笄,最具代表性的要数吴江梅堰遗址,该遗址一次就挖掘骨笄54件,成为吴地先民挽发插笄的鲜活佐证。

例二:河姆渡遗址骨笄

而河姆渡遗址出土的骨笄刻有美丽的花纹和弦纹,一来为增加摩擦力,以防从发间脱落,二来为了美丽。在遗址发掘中,

① 高5.8厘米,宽7.7厘米,厚0.35厘米。
② 高5.97厘米,宽9.15厘米,厚0.55厘米。

还出土了不少陶制人头像,有的头像顶端有一排小圆孔,由此推测,河姆渡人还有在骨笄上插戴鸟羽等其他饰物的习俗。傅家山遗址也有笄出土,看上去不但磨制光滑,而且在后半部刻画类似弦纹、斜线纹、编织纹、几何纹等组合纹饰。

图1-30 玉锥形器[①](桐乡徐家浜良渚文化墓区出土,桐乡市博物馆提供)

例三:良渚文化之玉笄

良渚文化遗址出土的锥形器中,一部分类似于插发髻之用的玉笄(如图1-30)。

再如本节开篇所述,嘉兴大坟遗址崧泽文化层中曾出土的1件人首陶瓶,其发髻端之小孔被推测为插笄所用。

二、上古吴越木屐及良渚古玉带钩

(一)上古吴越木屐

中国古代木屐有两种形制,即齿屐和平底屐。关于齿屐的记载较多。《辞海·木部》释“木屐,木底鞋,有齿”。《释名·释车》载:“屐,榰也,为两足榰以践泥也。”

在吴越地区,气候自古炎热、潮湿、多雨,木屐作为吴越原始先民的普遍鞋具最为合适,无论晴雨均可穿着,是迎合自然条件的服饰产物。

考古发掘中,河姆渡文化遗址有一个重要发现,曾出土了迄今中国甚至世界考古发现的最早的古屐实物,也被认为是目前全世界最早的鞋类实物。1988年,河姆渡文化遗址出土了新石器时代的两只木屐(如图1-31),具体出土地点为宁波市江北区慈

① 其功能有多种解释,其中有作针的解释。

城镇慈湖遗址，这两只木屐被考古界称为“慈湖木屐”。据科学分析，慈湖木屐即为河姆渡时期慈城人所穿的鞋子，距今5 500年。比较之前史籍及出土文物，慈湖木屐的发掘将中国木屐的历史源头向前推进了3 000年。两木屐造型符合脚掌生长特点，呈前宽后窄，圆头方跟。左屐总长21.2厘米，打5孔；右屐总长24厘米，打6孔。孔间刻挖凹槽，其作用可推测为：绳子嵌入凹槽，以防止滑脱，后穿孔，再固定至足面。

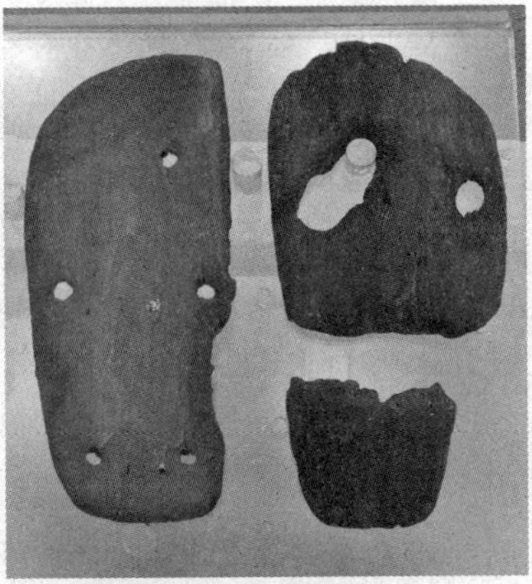

图1-31 木屐（慈湖新石器时代遗址出土，浙江省考古所挖掘，宁波博物馆收藏，胡佳浩摄）

然而，木屐的普及并不局限于吴越及南方地区。据《太平御览》载：孔子穿木屐，其木屐有一尺四寸长。《孔丛子》又载，孔着屐见平原君。汉时穿木屐的人已经很多。《汉书·袁盎传》载袁盎足登木屐，一口气走出七十多里。《后汉书·五行志》载：汉女出嫁必着木屐，并以艳丽彩画、五彩丝带装饰木屐。《晋书·五行志》载有木屐形状：“妇人圆头，男人方头……至太康初，妇人屐乃头方与男无别。”《颜氏家训》载：“梁朝全盛之时，贵游子弟……驾长檐车，跟高齿屐。”《宋书·武帝本纪》载：宋武帝刘裕生活俭朴，在宫中经常穿一种底上有齿钉的木鞋行走。《宋书·谢灵运传》载：“登蹑常着木屐，上山则去前齿，下山去其后齿。”《晋书·阮孚传》、《世说新语》均载：阮孚喜欢木屐如痴如醉。有人去拜见他，见他正在给自己的木屐涂蜡，客人到了，他依旧涂蜡不止。客人叹息：“不知你这辈子能穿几双木屐。”中原服饰礼仪习俗规定，赴宴访友只能着履，不能穿屐，不然会违背礼教，被认为教养缺乏，仪容轻慢。《南齐书》载：“高宗为录尚书辅政，百僚屣履，独蔡约蹑屐不改。”蔡约这一举动实为个性惊人。

关于古越女爱穿木屐，历史上还流传着这样一个故事。相传春秋时，越王勾践献美女西施给吴王夫差。西施从小爱穿木屐在溪畔石上浣纱，到了吴国，夫差为讨西施欢心，特为她造了一座富丽堂皇的馆娃宫，每日与其逍遥作乐。他为取悦西施，还用名贵的梗梓木，在馆娃宫造了一条“响屧廊”，让西施和宫女们穿着木屐在上面来回走动，听取那木琴般的美妙声音。

“玉面耶溪女，青娥红粉妆。一双金齿屐，两足白如霜。”唐代诗人李白写的这首《浣纱石上女》五言诗，描写的就是西施的天然艳丽姿色。同时，诗中还反映了中国南方汉族儿女赤足着木屐的风俗习尚。

（二）良渚古玉带钩

良渚文化带主要为江浙接壤处的太湖流域，因最早发现地为浙江余杭良渚，故而得名。学界认为：“它和红山文化同时代表了中国东部沿海南北两地原始社会制玉工艺的最高水平。”

所谓带钩，即中国古人，主要指贵族和文人武士衣着佩束的革制腰带前身连接处的挂钩。因革制腰带原料多为生革，质地坚硬厚实，无法系扎，故以钩饰连接。根据出土铭文及《左传》、《国语》、《管子》等史书载，带钩初称为“钩”，“带钩”之称学界普遍认为始于《史记·齐太公世家》，即“齐桓公置射钩而使管仲相”。此载亦可考《左传》、《国语》、《管子》、《吕氏春秋》、《战国策》。

良渚古玉带钩，即良渚文化玉带钩，指产生于新石器时代晚期良渚文化遗址出土的带钩，其发掘时间为20世纪70—80年代，表明了原始社会生产力的提高及服饰文明的发展。

良渚文化出土的玉带钩数量并不多，不过10来件，与良渚时期大量使用玉器的习惯来说，数量偏少，这也是其比较珍贵的原因，而且分布范围也比较窄，除了浙江余杭的瑶山、反山、汇观山、横山、上海的福泉山和江苏的武进寺墩和桐乡等几个遗址外，其他地方还没有发现过①。依出土实物可见，良渚古玉带钩的形制与其后在中华大地上流行几千年的传统带钩的形制差别很大。良渚古玉带钩风格敦厚温和，简约含蓄。整体为长方形，造型规整，外观略凸，左端平行内折一弯钩，呈扁带状，右端钻一个孔。大多素面，少有阴刻或雕琢花纹。

例一：金家浜古玉带钩

桐乡屠甸金星金家浜遗址为良渚文化遗址之一，1972年出土了迄今为止中国考古界发现的最早的古玉带钩（如图1-32）。可惜当时的这一重大发现，并没有予以及时公布。该玉带钩“长6.3厘米，宽3.7厘米，厚1.8厘米”②。带钩通体颜色呈黄褐，黑条机理斑遍布钩身，整体呈长方扁平体状，一端钻有圆孔，固定拴结绦带所用。另一端圆顺割成弯钩状，内壁呈弧线状割痕，表面光滑。该带钩现收藏于桐乡市博物馆，实物完整，对中国带钩文化的研究具有不可替代的意义。

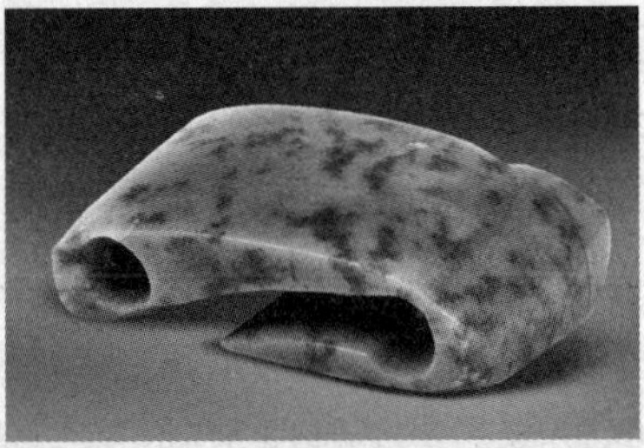

图1-32　良渚古玉带钩（桐乡屠甸金星金家浜遗址出土，桐乡市博物馆提供）

例二：瑶山古玉带钩

1987年，又一良渚古玉带钩在瑶山遗址M7出土。该带钩

① 访桐乡市博物馆周伟民馆长。
② 此数据由桐乡市博物馆提供。

图1-33　良渚文化神人纹古玉带钩[①]（1987年瑶山遗址M7出土，良渚博物院提供）

呈端庄古朴的长方体，颜色为南瓜黄，表面均匀微凹，底部平直。一端凿圆孔，另一端凿挖圆顺弯钩。带钩外部及内侧打磨细腻，工艺精致（如图1–33）。

良渚古玉带钩的型制具有一定的原始性，虽发现的数量、类型少，形制简单，不及战国至西汉时期及后世的带钩数目众多、造型精巧、形式丰富、雕刻精微、纹饰华美，但却为后世带钩的发展奠定了雄厚基础，直至清代。《国语・齐语》载："夫管夷吾射寡人中钩，是以滨于死。"《庄子・胠箧》载："彼窃钩者诛，窃国者为诸侯。"而《淮南鸿烈解・说林训》载："满堂之座，视钩各异，于环带一也。"则说明带钩发展到战国和汉代，其造型、数量极其丰富，且人们在日常生活中普遍使用。

例三：绍兴青铜带钩

关于带钩的材质不限于玉，也有金、青铜、铁等金属铸造，也有琉璃、石、滑石、陶、木、骨等。《墨子・辞过》载："铸金以为钩[②]，珠玉以佩。"战国时期，带钩材质及工艺均有所发展，最具

① 长5厘米，宽2.75厘米，厚2.2厘米。

② 铸金：《说文》："铸，熔金也。"即熔炼金属之意。青铜器铭文及古书中的"金"皆指铜，故"铸金"意为熔炼之铜。钩，即指带钩。

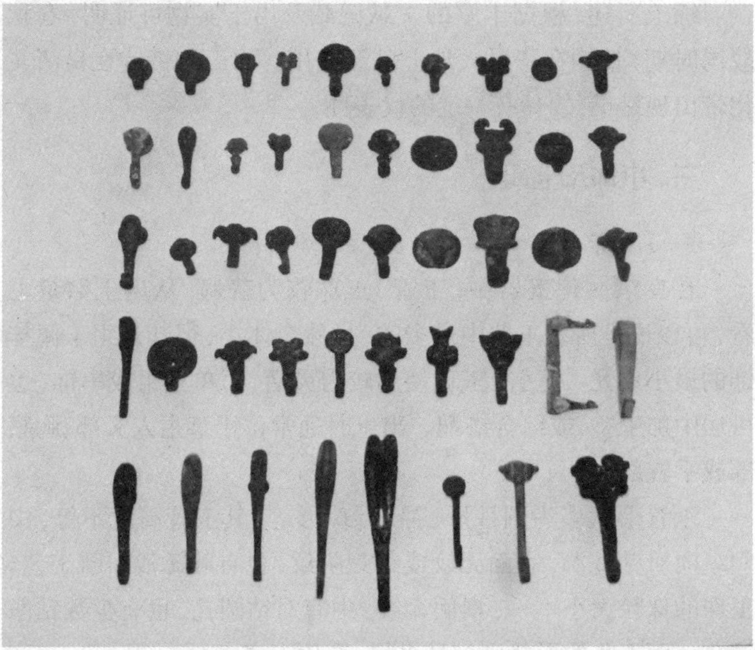

图1-34 48枚形状各异的战国青铜带钩(民间征集,绍兴博物馆提供)[①]

代表性的为错金银、镶玉铁质工艺。浙江省绍兴市博物馆收藏品库资料显示,因绍兴市西施山为越国的青铜器冶铸聚集地,故出土文物中青铜器物居多,其中不乏青铜带钩,且多数流于民间(如图1-34)。在绍兴市博物馆的一次征集中,就征集到45件之多。绍兴市博物馆还收藏有吴王光[②]铜带钩。

---

① 通长1.5—8.1厘米。带钩形状与纹饰多为仿生,如:龟形、雁形、灵芝形、蝌蚪形、豆娘形、蝎子形、蟠虺形、鹅首形、象首形、牛首形、豹首形、犄角兽首形等,另有一枚作双联钩。带钩中形态有相似的,但没有完全相同的。除其中一枚为角质雕刻,其余均为青铜质地。基本完整。2008年8月民间征集。这些带钩是在2007年绍兴市开发迪荡新城的基建中陆续出土,本馆征集到的只是其中一小部分,现展览于绍兴博物馆。

② "光",吴王名,即吴王阖庐。

综上所述，根据丰厚的文献记载及出土实物可证明，春秋战国时期，带钩在华夏大地上已经使用。而玉制带钩在良渚文化带出现最早，故具有一定的代表性。

三、串饰及玉镯

（一）串饰

在良渚文化玉器中，玉管、玉珠较为普遍，从出土数量上看，可以说是所有玉器中最多的，虽然个体小，但却是组玉佩挂饰的最小单元。玉管、玉珠使用较为灵活，可单独组成串饰，也可居中加玉坠，或综合搭配。出土时通常位于墓主人头部、胸腹部或手腕部。

玉管形状多为圆柱形、钟形、琮形等，其玉管高度不等，中间纵向对钻孔洞，表面无纹或细刻阴纹，也有雕琢浅浮雕工艺。玉珠的珠粒大小不一，素面无纹，中有对钻圆孔，也有少数钻凿隧孔。而玉坠的形状则多种多样，变化丰富。

例一：玉管串饰

如图1-35，该玉串饰以长为特征，总长达175厘米。1986年，在反山遗址M17出土，玉管均为圆柱形，大小不等，大小、宽窄排列有序。玉管中间对钻孔洞，以绳串联。大部分玉管呈白色，也有一部分玉管白色中含有黄褐色。

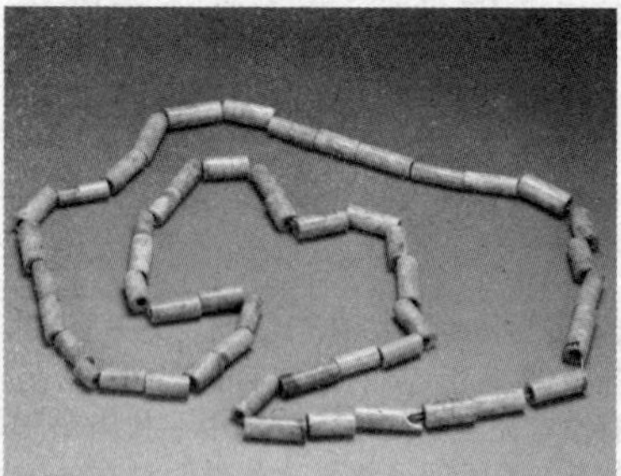
图1-35　良渚文化玉管串（1986年反山遗址出土，良渚博物院提供）

如图1-36，玉管串也比较有特色，个体较小，最小的玉管仅高0.15厘米，最高的玉管也仅有0.4厘米。玉管呈矮小扁圆柱体，材质为叶蜡石，数

图1-36　玉管串[①]（2006年5月星桥后头山遗址出土，中国江南水乡文化博物馆提供）

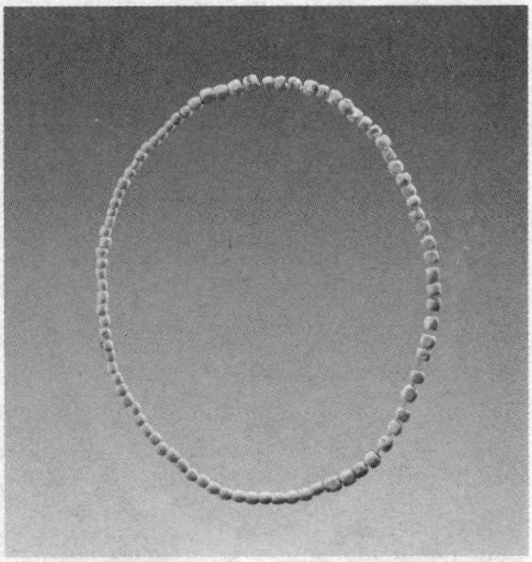

图1-37　玉珠串饰（1987年瑶山遗址抢救发掘[②]，中国江南水乡文化博物馆提供）

图1-38　良渚文化半球形遂孔玉珠（2个，良渚博物院提供）

量达74粒，颜色呈蜡黄。该玉串饰为2006年5月，在星桥后头山遗址出土。

例二：玉珠串饰

如图1-37，玉珠串饰共由88粒玉珠组成，珠粒形状不规整，其中有7粒有残损，珠粒呈白色，素面无纹饰，但留有切割痕，对钻小孔，孔洞光滑。该玉珠串饰为1987年在瑶山遗址出土。

① 直径0.5—0.7厘米，高0.15—0.4厘米。
② 长0.9—1.6厘米，外径0.6—0.8厘米。

图1-39 加坠项饰(1982年上海青浦墓葬出土,周长76厘米,上海博物馆收藏,吴昊天摄)

例三:加坠串饰

如图1-39,该物为良渚文化出土串饰中稀有之物,与上面的示例主要区别在于加坠及由大小和形状不一的珠管和珠粒组合搭配而成,珠管和珠粒多呈腰鼓状、圆珠状,含坠共计71粒,坠在串饰的下端居中位置,呈铃铛状。整件串饰玉料颜色丰富,如鸡骨白、翡翠绿、浅土褐色等,5粒呈浓郁湖蓝色。铃铛状的坠饰上端有一柄,柄部横向穿孔,连接左右玉串管或珠,该柄玉色乳白,素面无纹。柄的两侧分别串有大小一致、较之其他管、珠体积大的玉管,两玉管上分别浮雕双目和嘴,为兽面纹。

(二)玉镯

根据出土玉镯实物,可将吴越上古玉镯大致可分为浑圆式、扁圆式、串珠式、分离式、纹饰式。

例一:浑圆式

位于海宁市周王庙镇东约6公里的荷叶地遗址出土的各类良渚玉器中,有一个外周浑圆、内壁略凹的玉镯,具有一定的代表性。如图1-40所示。

图1-40 浑圆式玉镯(海宁荷叶地遗址出土,直径7.3厘米,嘉兴博物馆提供)

例二：圆环式

圆环式玉镯造型简约大气，如图1–41，该玉镯直径6.7厘米，孔径5.6厘米，高2.4厘米。镯体清澈。如图1–42，该玉镯高2.4厘米，呈圆环形。风格古朴厚重，镯体光泽、润滑，孔壁磨制工艺平滑，外壁略内凹。采集地为杭州市余杭区瓶窑镇吴家南山。

图1–41　玉镯（龙潭港良渚文化遗址出土，海盐县博物馆提供）

图1–42　玉镯（瓶窑镇吴家南山出土[①]，良渚博物院提供）

与其造型邻近的还有筒形器及玉瑗，均为圆环式。筒形器的最大特征是圆环体的高度高，玉瑗的最大特征是圆环的环厚度宽。

良渚文化遗址出土了很多圆环式的玉镯，也出土了诸多造型与该款玉镯相似，高度明显较之高的筒形器，出土时，一般位于死者的上臂处。如图1–43，该筒形器高5.5厘米，明显高于玉镯的高度。颜色呈青灰，素面光洁，但器身上有肌理纹样，即黑褐色的筋纹及黄褐色瑕斑，圆环式，但外壁向内微凹弧，内壁微

---

① 直径9.9厘米，高2.4厘米，厚1.8厘米。

图1–43　筒形器（1990年良渚镇荀山采集[①]，良渚博物院提供）

图1–44　玉瑗，余杭长命采集[②]（中国江南水乡文化博物馆提供）

凸弧。该筒形器为1990年良渚镇荀山采集。

另外，造型与圆环式玉镯相似的还有玉瑗。如图1–44。该玉瑗直径12.2厘米，孔径6.1厘米，其孔径大于直径的一半，出土时位于死者的手腕部位。该玉瑗通体呈现自然肌理纹样，磨制光滑，颜色鸡骨白，但整体偏黄。

例三：分体式

平湖曹桥马厩遗址出土了一件分体式玉镯，镯体由大、中、小三块组合而成，其连接处均打孔。如图1–45。嘉兴南河浜遗址M96号墓出土的崧泽文化分体式玉镯分为两截。如图1–46。

例四：纹饰式

如图1–47，为龙首纹玉镯，1987年瑶山遗址M1出土，整体造型宽扁，内壁顺滑，外壁呈现出4个明显凸面，凸面雕有“龙首”纹样，4个龙首均匀分布于镯体，风格浑厚古朴，且神秘。

① 高5.5厘米，直径7.5厘米，内径5.8厘米。
② 直径12.2厘米，孔径6.1厘米，厚2—2.2厘米。

图1-45　分体式玉镯（平湖草桥马厩遗址[1]出土，孔径6.5厘米，平湖市博物馆提供）

图1-46　崧泽文化分体式玉镯（嘉兴南河浜遗址M96号墓出土，嘉兴博物馆提供）

图1-47　龙首纹玉镯[2]（瑶山遗址出土，良渚博物院提供）

四、玉璜、玉玦、玉佩、玉坠、玉扳指

（一）玉璜

玉璜初为礼器，《周礼·春官·大宗伯》载："以玄璜礼北方。"后发展成为佩戴于胸前的装饰物。关于玉璜的记载，最早

---

① 新石器时代良渚文化时期。

② 高2.65厘米，直径8.2厘米，孔径6.1厘米。

见于距今7 000年前的新石器早期的河姆渡文化时期。而新石器时代中期长江流域的良渚文化遗址出土了大量玉璜，可见其普遍服用性，良渚玉璜以半璧形居多。正如《说文解字》释："半璧为璜。"但玉璜造型并不限于半璧，可以说其形变化非常大。主要有条形、桥形、半环形、鱼鸟形、半璧形、双龙首、双凤首等，除素面无纹外，装饰纹样也多种多样，良渚文化的玉璜雕琢或镂刻纹样围绕神人兽面主题，迎合时人的崇拜心理。春秋玉璜纹饰复杂，卧蚕纹为其代表，战国时，纹样陆续出现蒲纹、谷纹、云纹等。

玉璜出土时的位置一般为墓主人胸部，多为胸饰。良渚墓葬中还出现一墓多璜共出的现象，还常出现玉璜为组佩玉器组件的形式。

例一：条形玉璜

如图1–48，嘉兴南河浜遗址出土的条形玉璜，横向笔直，两侧圆尖外伸，两侧上端略向上凸起，凸起面的下方分别对钻小孔。色为鸡骨白，有少许红褐色肌理斑纹。

如图1–49，1973年江苏省吴县草鞋山88号墓出土的条形玉璜，底部弧状如船形，颜色呈淡绿，有褐斑，扁平，上端两侧有小孔。

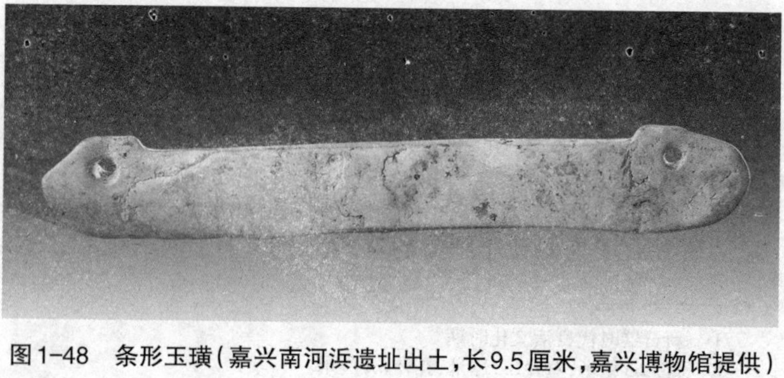

图1–48　条形玉璜（嘉兴南河浜遗址出土，长9.5厘米，嘉兴博物馆提供）

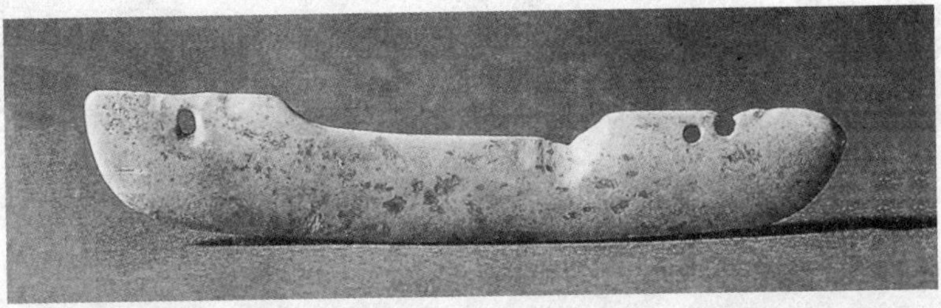

图1-49　嵩泽文化玉璜（长9厘米，宽1.5厘米至1.9厘米，厚0.3厘米至0.4厘米，1973年江苏省吴县草鞋山88号墓出土，南京博物院收藏①）

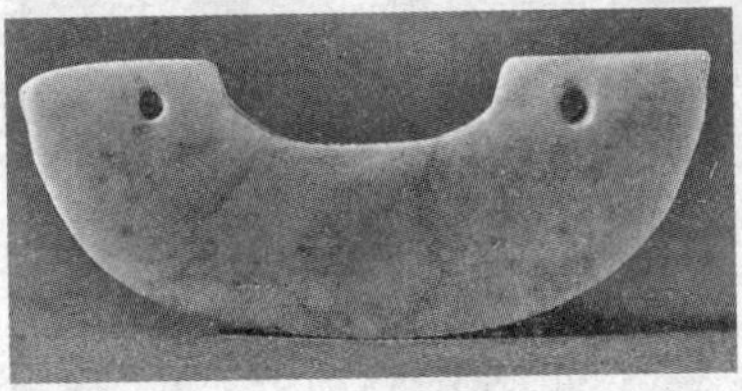

图1-50　嵩泽文化玉璜（高3.4厘米，宽8.4厘米，厚0.2厘米至0.5厘米，1973年江苏省吴县草鞋山105号墓出土，南京博物院收藏②）

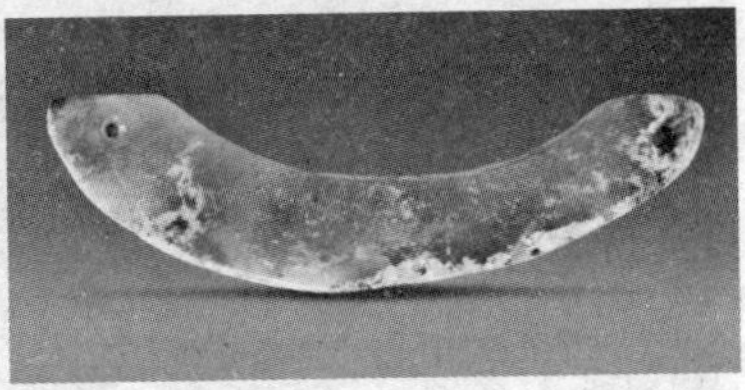

图1-51　桥形玉璜③（2005年8月9日小林万陈村遗址出土，中国江南水乡文化博物馆收藏④）

例二：桥形玉璜

如图1-50，1973年江苏省吴县草鞋山105号墓出土了一件桥形玉璜，出土时位于墓主人头骨下方，为项饰无疑。颜色呈土黄，显绿斑。将其倒置，形如扁平拱桥状。玉璜上部两端各钻有一孔，璜体厚薄不均，但磨制光滑，顶端较厚，拱桥状边缘较薄。

另一例桥形玉璜，如图1-51，出土于小林万陈村遗址。璜体扁平，倒置似桥形。质料为透闪石软玉，颜色呈浅翠绿，桥形

---

① 原载于《中国玉器全集》（上），杨伯达主编，河北美术出版社，2005年。

② 原载于《中国玉器全集》（上），杨伯达主编，河北美术出版社，2005年。

③ 弦长9.1厘米，高2.7厘米，厚0.4厘米。

④ 原载于《良渚玉韵》，余杭博物馆、良渚博物院、宁波博物馆编，宁波出版社，2012年。

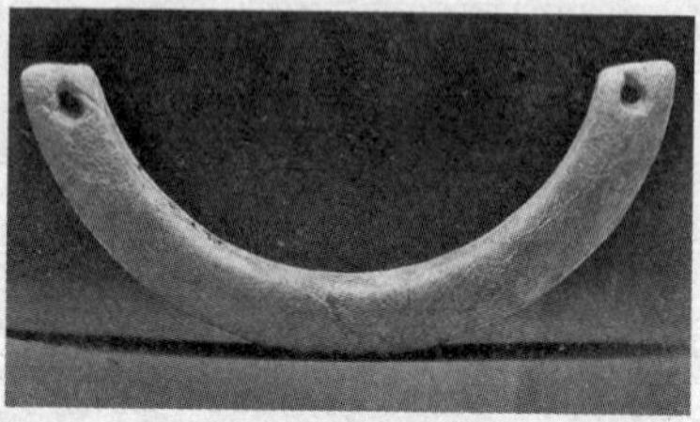

图1-52　崧泽文化玉璜①（1961年上海市青浦县崧泽遗址47号墓出土，上海市文物管理委员会收藏②）

图1-53　玉璜③（1987年瓶窑桑树头出土，中国江南水乡文化博物馆提供）

边缘处多现灰褐色沁斑。左右顶端各钻一孔。

例三：半环形玉璜

如图1-52，半环形玉璜造型对称规整，修长圆顺。1961年，在上海青浦崧泽遗址47号墓出土了一件半环形乳白色玉璜，有蚀化痕迹，左右上端钻有穿绳小孔，且绳系磨损痕迹明显。

例四：半壁形玉璜

如图1-53，1987年，在良渚文化遗址瓶窑桑树头，出土了一件半璧形璜。颜色呈乳黄，正面微弧凸，且中央位置浅浮雕有兽面纹，在浅浮雕上有阴刻纹样，刻画精巧。眼珠周圈阴刻重圈为眼，眉心阴刻卷纹，宽鼻顺其弧线造型阴刻鼻翼曲线，所有阴刻纹线均借其形重复刻画，线条细腻轻巧。玉璜半壁完整，璜身保存完好，平整顺滑，雕刻细腻。

例五：鱼鸟形玉璜

如图1-54，玉璜的形状多种多样，除上述较为规整的条形、桥形、半环形、半璧形外，还有鱼鸟等形状。1976年，在上海市青浦县崧泽遗址六十二号墓出土了一件似鱼形的玉璜。颜色呈

① 长7.5厘米。
② 原载于《中国玉器全集》（上），杨伯达主编，河北美术出版社，2005年。
③ 高5.4厘米，上宽11.7厘米，厚0.6厘米。

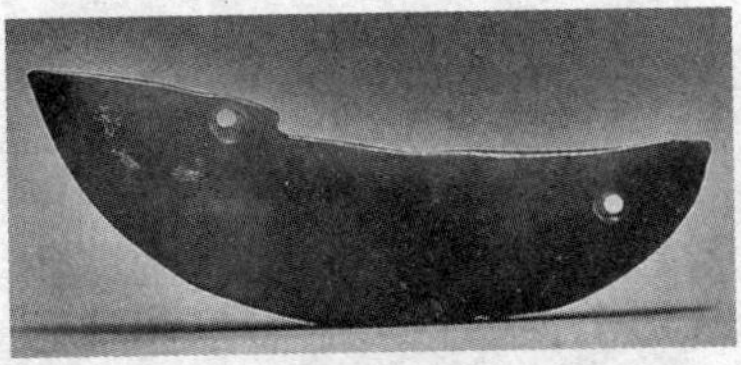

图1-54　崧泽文化玉璜（长7.2厘米，1976年上海市青浦县崧泽遗址出土，上海市文物管理委员会收藏①）

图1-55　崧泽文化玉璜②（1974年上海市青浦县崧泽遗址64号墓出土，上海市文物管理委员会收藏③）

淡绿，材质为火山碧玉，璜体光顺，左右两上端各钻一孔。

另外一件玉璜造型独特，呈现一端近鱼形，另一端近鸟形，如图1-55，为1974年，在上海市青浦县崧泽遗址六十四号墓出土。颜色呈湖绿，中间部位颜色变深，璜体光滑，多处呈浅灰绿色斑纹，其造型不规范，但却非常别致，耐人寻味，左右两端上方位置各钻孔，孔洞处留有悬挂痕迹。

（二）玉玦

太湖流域最早出现的玉器便是玉玦，其身为扁圆环，一端缺口。玉玦在良渚文化之前为耳饰，也叫耳玦，为原始耳饰。而良渚文化遗址出土的玉玦多位于墓主人的胸腹部，显然其装饰部位发生了变化，成为复合件玉饰的组成部分。

例一：河姆渡文化玉玦

河姆渡遗址在距今6 500—7 000年的第四文化层中出土了20余件用粗玉制成的玉器，其中有玉玦6件，器物大小不一。直径较大的一块为绿色，缺口较大。最小的一件直径2.2厘米，为紫红色，缺口尚未完全断离，可能是件半成品。出土玉玦皆光素

① 原载于《中国玉器全集》(上)，杨伯达主编，河北美术出版社，2005年。
② 长6.6厘米。
③ 原载于《中国玉器全集》(上)，杨伯达主编，河北美术出版社，2005年。

无纹,光滑细腻,剖断面呈椭圆形[①]。

例二:马家浜文化玉玦

1974年,在江苏省常州市圩墩遗址出土了一件玉玦,如图1-56,颜色黄褐色,形如算珠,有缺口,根据缺口形态可推测孔为单面钻成,孔径正反不一,正面小于底面。材质硬度低,似滑石。出土时位于墓主人头部两侧,可推测为耳饰。

图1-56 马家浜文化玉玦[②](1974年江苏省常州市圩墩出土,南京博物馆院收藏[③])

图1-57 马家浜文化玉玦(嘉兴博物馆提供)

例三:嵩泽文化玉玦

如图1-58,嵩泽文化出土的玉玦表面滑顺,颜色乳白,质料软玉,工艺精巧。环状,中钻圆孔,上端缺口。

例四:良渚遗址瓶窑采集玉玦

如前所述,良渚文化遗址出土的玉玦多为胸饰。以1987年6月瓶窑采集玉玦为例,如图1-59,缺口对面环上钻有一孔,推

① 浙江省文物管理委员会,浙江省博物馆,河姆渡遗址第一期发掘报告,《考古学报》,1978(1)。

② 直径2.1厘米,孔径0.6厘米至0.9厘米,厚1.7厘米。

③ 杨伯达主编:《中国玉器全集》(上),河北美术出版社,2005年。

图1–58　嵩泽文化玉玦[1]（1973年江苏省吴县草鞋山出土，南京博物院收藏[2]）

图1–59　玉玦（1987年6月瓶窑采集[3]，中国江南水乡文化博物馆提供）

测为系绳所用。该玉玦色泽碧绿，略带褐斑，透光感强。

（三）玉佩

例一：云纹龙形玉佩

图1–60　战国云纹龙形玉佩（绍兴博物馆提供）

如图1–60，纵3.9厘米，横6.5厘米，厚0.4厘米。佩件雕琢成S状曲体龙形，边缘有小穿孔，双面雕饰带廓卷云纹。玉质呈象牙白色。基本完整。

佩件制作规整，保存完好，其造型和装饰风格在越地较为典型，自良渚文化以来，浙江出土的史前玉器多呈象牙白色（鸡骨白），类似的玉佩件在其他博物馆和民间均有收藏。

2010年5月民间征集。据原持有人称，系绍兴地区基建中出土。

---

① 直径1.8厘米，孔径0.6厘米，厚0.6厘米。
② 杨伯达主编：《中国玉器全集》（上），河北美术出版社，2005年。
③ 直径4.7厘米，孔径1.7厘米，厚0.8厘米。

图1-61 春秋玉琥佩(绍兴博物馆提供)

图1-62 璜形玉佩(绍兴博物馆提供)

图1-63 圭形玉佩(绍兴博物馆提供)

例二：玉琥佩①

如图1-61，玉琥佩。长9.6厘米，宽2.1厘米，厚0.2厘米。虎作伏行状，尾端上卷，背部有两个小穿孔，单面阴刻云雷纹。玉质呈半透明青色。出土时已断裂。

例三：璜形玉佩

如图1-62，璜形玉佩。残长8.5厘米，宽3.1厘米，厚0.2厘米。佩件呈折扇形展开，两端及上边中间各有一小穿孔，单面雕饰出廓勾连云纹。玉质呈象牙白色。断裂并略残。

例四：圭形玉佩

如图1-63，圭形玉佩。长12.8厘米，宽1.7—2.1厘米，厚0.5厘米。佩件作齿边长条形，略呈上狭下宽状，顶端至底端侧面有一纵向贯通的小穿孔，双面雕饰卷云纹。玉质呈象牙白色。中间一处断裂。

（四）玉坠

良渚玉坠外形丰富多样，如几何状、月牙状、牌状、飞鸟状、乌龟状、青蛙状等。其体积小，却工艺精致，通常不单独使用，而

① 例二：玉琥佩、例三：璜形玉佩、例四：圭形玉佩，为1982年3月绍兴市柯桥区鉴湖镇坡塘村狮子山306号墓出土。绍兴市文物管理局收藏，现展览于绍兴博物馆。

是作为玉管、玉珠串饰的居中装饰。如项饰、腕饰、脚饰。

例一：几何状玉坠

1987年瑶山遗址第七号墓出土了一件工艺精致的几何形玉坠，如图1-64，造型为垂囊形圆柱体。一端有圆台状凸榫，对钻系绳用小孔，另一端圆尖状。中部横向一条阴刻纹，纹线上部光滑无纹，纹线下部呈现浅浮雕效果，图案为两只眼睛及两个鼻子，在浅浮雕上阴刻花纹。

图1-64　良渚文化兽面纹玉坠饰（1987年瑶山遗址M7出土[①]，良渚博物院提供）

例二：动物状玉坠

1. 乌龟状玉坠

乌龟在中华文化中有长寿之寓意，故在玉坠中也有乌龟的具象造型。如图1-65，1986年，在反山遗址17号墓出

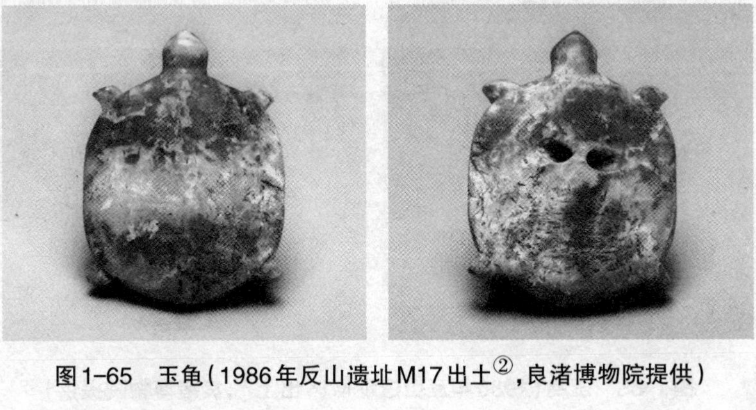

图1-65　玉龟（1986年反山遗址M17出土[②]，良渚博物院提供）

① 长3.2厘米，直径0.95厘米。

② 长3.2厘米，宽2.22厘米，厚0.55厘米。

土了一件乌龟状玉坠，整体色彩偏南瓜黄，带黄褐色肌理斑纹。乌龟造型具象，脊背中线凸起明显，头颈伸展，四爪外露，显示其生机勃勃爬行状，腹部凿钻一横向隧孔。

2. 飞鸟状玉坠

鸟儿的振翅奋飞有炎上之意，在1986年反山遗址发掘中，出土了一件飞翔状玉鸟，如图1-66，其翅平展外张，尖喙短尾，鸟眼外凸重圈，其背由纵向中央向两翼边缘作斜向切磨工艺，为显示鸟儿抬头状，在其头与背部之间刻画有几条横向纹线。背面的喉颈下端部位凿钻穿绳用隧孔。

图1-66　玉鸟（1986年反山遗址M14出土[①]，良渚博物院提供）

① 长4.36厘米，两翼宽5.33厘米，厚0.93厘米。

3. 青蛙状玉坠

玉坠呈现的动物纹，除乌龟状、飞鸟状外，还有青蛙状。如图1–67，1977年，在江苏省吴县张陵山四号墓出土了一件整体呈等腰三角形的青蛙状玉坠。颜色呈黄绿，单侧有少许褐红斑。器体呈半透明状，厚度不匀，借玉石自然外形，修饰成嘴、四肢、背、腹等身体结构，两眼钻孔，右侧眼斜上方钻一小孔。

图1–67　玉蛙[①]（1977年江苏省吴县张陵山M4出土，南京博物院收藏[②]）

（五）玉扳指[③]

如图1–68，该玉扳指青玉发黄，椭圆形环状，内侧圆而外侧两头微尖，一端饰兽面纹，双眼突出，眼珠内凹，有凸鼻，两耳大而扇风，右耳上还有一螺旋状凸起，具有战国时期的典型特征。

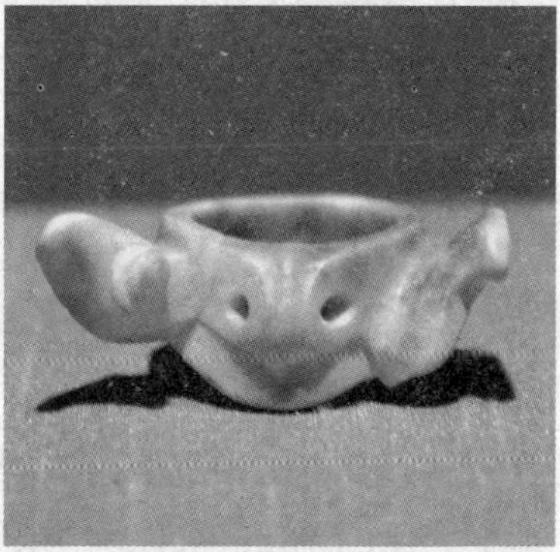

图1–68　战国玉扳指（真山东周墓地出土，苏州博物馆收藏，郭友南摄）

扳指又称搬指或班指，古称“韘”，即古人射箭时戴在右手大拇指上，用以钩弦的用具。后来逐渐演变成一种佩饰。

---

① 长4.8厘米，宽3.2厘米，厚0.2厘米至0.7厘米。
② 杨伯达主编：《中国玉器全集》（上），河北美术出版社，2005年。
③ 按：苏州博物馆提供资料。

第四节　影响后世的冕服制度

周代，是中国奴隶制最为完备的时期。从服饰上看，的确如此。因为在周代，已经开始有了中国人的服饰制度。所谓服饰制度，就是由国家最高行政机关制定的，什么身份的人，在什么场合穿什么样的衣服。这有一套规定，不可改变和僭越。周代宫中设有“司服”及“内司服”职位。“司服”专门掌管服制实施，安排帝王王妃穿着。“内司服”专门掌管王后在仪式上的穿着[①]。自周代开始，中国的冠服制度已经趋于完备，这影响了中国后世的冕服制度。在都城也好，吴越也罢，各个地区必须遵循，不可逾越。

冕服包括首服、主服、足服。

一、首服

冕服首服名“冕冠”。

(一) 綖板

冕冠上有一平直板，曰“(綖)板”，(綖)板颜色为上玄下纁，即上黑色，下暗红色，以示“未明之天，黄昏之地”；(綖)板形状为前圆后方，以示“天圆地方”。佩戴时，(綖)板向前倾斜，寓意向臣民俯就。(綖)板前后各有一排彩色串珠垂下，为“旒”。根据服饰制度规定，不同礼仪场合旒的串数各不相同，如十二串、九串、七串、五串、三串。

(二) 黈纩

为使冕冠固定于发髻之上，以笄顺两孔穿入发髻。两边各

① 华梅：《中国服装史》，中国纺织出版社，2007年，第6页。

垂坠一珠，曰“黈纩”，亦曰“充耳”，有提醒君王不要听信谗言之意。

二、主服

冕服主服为上衣下裳。

(一) 颜色

上衣下裳颜色同(綖)板颜色，即上玄下纁，同样寓意“未明之天，黄昏之地”，充分显示出帝王的至高无上。

(二) 文章

帝王在隆重场合着衮服，衮服之上必绣龙，另有诸吉祥纹样，合计十二文章，即十二种纹饰。《虞书·益稷》载：“予欲观古人之象，日、月、星辰、山、龙、华虫作会(即绘)，宗彝、藻、火、

图1-69 周代帝王衮服上刺绣的十二文章[1]

① 上海市戏曲学校中国服装史研究组编著：《中国历代服饰》，学林出版社，1984年。

粉米、黼、黻、(絺)绣并以五彩彰施于五色,作服汝明。”十二文章各有寓意,内容如下:日、月、星辰——照临;山——稳重;龙——应变;华虫——文丽;宗彝——忠孝;藻——洁净;火——光明;粉米——滋养;黼——决断;黻——明辨。

帝王在非隆重场合多着九旒七章、七旒五章。而诸侯则依次递减为九章、七章、五章。显然,文章的多少代表着场合的不同及身份等级的差异。

(三)佩饰

穿着冕服时,腰间必加束带,带下佩以垂直于底面的装饰——蔽膝。蔽膝的最早用途在于遮挡小腹部及生殖部位,经过演绎而成为礼服的组成佩饰。在冕服中习惯将蔽膝称为“芾”,只有祭祀用服中称“黼”或“黻”。用在其他服装上则称“韦(韠)”,通常纵三尺长。

颜色上也有明确的等级差别。天子为纯朱色,诸侯为黄朱色,大夫为赤色。《诗经·斯干》中就载有“朱芾斯黄,室家君王”。

三、足服

冕服足服名“舄屦”。

《周礼·天官·屦人》有载“掌王及后之服屦为赤舄、黑舄、赤繶、黄繶、青句、素屦、葛屦”。穿着冕服时,舄屦颜色也有严格规定,诸侯及王均穿赤舄。三等之中,赤舄为上,下为白、黑舄。王后着舄,分别以玄、青、齿为三等级之别。舄之面料为丝绸,底为木。《古今注》载:“舄,以木置履下,干腊不畏泥湿也。”似复底。屦为单底,夏为葛麻,冬用兽皮,适于平时穿用,也可配上特定鞠衣供王后嫔妃在祭先蚕仪式上专用,屦色通常与下裳颜色一致[1]。

---

① 华梅:《中国服装史》,中国纺织出版社,2007年,第8页。

冕服制度自西周起源兴起，经历代帝王使用，其内容多有变化，但均不可逾越之。

第五节　春秋战国时期的深衣及短褥

一、深衣

深衣是春秋战国时期，尤以战国时期盛行，极具代表性。《五经正义》载："此深衣衣裳相连，被体深邃。"《礼记·深衣》载："古者深衣盖有制度，以应规矩，绳权衡。短毋见肤，长毋被土。续衽钩边，要缝半下。袼之高下可以运肘，袂之长短反诎之及肘。……故可以为文，可以为武，可以摈相，可以治军旅，完且弗费，善衣之次也。"

可见，虽然深衣下摆不开衩，但"续衽钩边"，衣襟加长围绕，下摆宽大，使穿着者行走自如。在裁剪形式上，采取上下分裁的形式，腰缝处缝合，即节省用料，还保证了上身的合体性及下身的飘逸性。男女均适于穿着，适用者身份非常广泛。颜色多尚白，面料以麻居多。斋时缁色或加彩，边缘绣以纹样以装饰。腰束大带，后改带钩。《史记》载"满堂之坐，视钩各异"，可见，带钩使用之广，工艺之美。

图1-70　嘉兴金明寺西施妆台中西施着深衣浣纱石像（刘文摄）

从文字记载及留存至今的绘画、文人诗句及现代雕塑作品可知西施着深衣浣纱的婉约形象。轻纱飘逸的材质不但衬托了西施的绝世之美，更影响着江南女子的服饰审美及气韵风度。而西施手中的纱线更是证实了江南“水乡泽国”蚕桑丝织技艺的普及及繁盛。

二、短褥

由于吴越之地多水中劳作，深衣的长度显然不适合劳作。况且，平民百姓不可能都有经济能力置办得上这样一件“体面”的深衣。故在吴越之地，劳动者及贫民着深衣者并不普遍。

越王勾践兵败被擒后，吴王夫差对其进行了百般羞辱。“使王孙雄于阖闾墓旁，筑一石室，将勾践夫妇贬入其中。去其衣冠，蓬首垢面，执养马之役……”“越王服犊鼻，著樵头，斫锉养马，夫人衣无缘之裳，施左阙之襦，汲水、除粪、洒扫……”

犊鼻式样为一短裤，呈三角状。樵头为头发盘起后以布包裹。对待勾践的夫人，则命其穿着没有刺绣等装饰的贫民衣裳。两人每日艰辛劳作，忍受耻辱。

此时，北方少数民族的“胡服”，即短衣、长裤、革靴等经赵武灵王“胡服骑射”被引进中原，从军服影响到民服，这种服装成为战国时期的典型服式。但在吴越之地出现类似胡服的服装款式，应该是受劳动需求的影响。

第六节 吴越宝剑

中国青铜剑称谓“宝剑”，主要源起于春秋战国时期的“宝剑之乡”吴越。目前吴越考古发现最早的青铜剑年代为西周初年，为数不多。而西周至春秋时期出土的宝剑数量较多。《新序·杂事篇》云:“夫剑产干(吴)越。”

吴越宝剑始于吴地,战国之际,越灭吴,越国承继了吴国的铸剑产业,春秋晚期至战国初期,吴越宝剑发展至鼎盛阶段,战国青铜剑是吴越之剑的延承。公元前333年,楚灭越,吴越铸剑技术促进了楚剑的发展。后世考古发现的吴、越王剑,主要出土于楚地的战国墓中。

据丰厚的考古文物证实及历史文献记载,甚至神话故事的流传,都足以证明吴越宝剑的精美绝伦,工艺冠绝,堪为世间珍宝。

一、吴越人常佩宝剑于身

《汉书·地理志》载:“吴粤(越)之君皆好勇,故其民至今好用剑,轻死而易发。”可见,至少在汉代,吴越人不仅性格相近,且格斗时善用的武器为宝剑。

吴越之地因河网密布,地多林茂的水乡地理环境特色不适合车战。吴越人“习于水、利于舟”。故吴越人除了水上作战外,步兵的陆上作战也区别于车战的远攻近防,体现的是近体格斗,故可刺可劈、携带方便、取用快捷的短兵器——宝剑成为最适合吴越人的重要兵器。

宝剑通常被认为是兵器,在服饰史中,通常将其归类于军事服饰中。而据人类服饰文化学专家华梅教授提出的“人类服饰文化学”学科中,论断服饰由四部分组成,即:衣服(主服、首服、足服)、佩饰、化妆和随件。因吴越宝剑短小且精美,携带方便,兼具装饰及防身杀敌双重作用,故吴越人常佩宝剑于身。显然,宝剑亦可归类为随件,是吴越人服饰形象中不可或缺的重要组成部分。

古人佩剑能体现服用者的身份和地位。《考工记·桃氏》

图1-71 季札挂剑画像石

载：士阶层的人，所佩之剑分别为上制、中制、下制，以剑的长短、重量区分。一一对应佩戴者为上士、中士、下士。普通战士所佩之剑重在实用，需剑刃锋利，便于作战即可。而贵族之剑豪奢，在完成基本铸造后，要在剑的表面加入考究的工艺装饰。《史记·吴太伯世家》载：吴王馀祭三年（前550年前后），吴派季札出使诸国。当季札路经徐国时，见徐国国君十分喜爱自己身上所佩之剑，只是不好讨要。季札因未完成出使任务，不能没有佩剑，就没有进献，但心已许之。可当季札出使诸国返回时，徐国国君已经死了，季札解下佩剑，系在徐君墓地旁边的树枝上，了此心愿。且不论季札贤明、仁义之品，从这个故事可知，古人佩剑具有防卫、装饰、显示身份等功能。这也是季札为何一定要完成对诸国的出使任务后才赠剑给徐国国君的原因。另外，也从侧面说明，时人常佩宝剑于身。

二、吴越铸剑的精湛技艺

为增强军事力量，吴越国君均重视本土铸剑技术的精良。其合金配制、制作技术、形制合理、装饰考究等方面均超越中原，领先列国。

《战国策·赵策三》载:“吴干[1]之剑,肉试之则断牛马,金试则截盘匜。”可见吴国宝剑的锋利无比。《庄子·刻意篇》云:“夫有干越之剑者,柙而藏之,不敢用也,宝之至也。”唐朝诗人李峤《宝剑篇》赞颂了吴越剑师精湛的技艺。

吴山开,越溪涸,三金合冶成宝锷。淬绿水,鉴红云,五采焰起光氛氲。背上铭为万年字,胸前点作七星文。龟甲参差白虹色,辘轳宛转黄金饰。骇犀中断宁方利,骏马群骓未拟直。风霜凛凛匣上清,精气遥遥斗间明。避灾朝穿晋帝屋,逃乱夜入楚王城。一朝运偶逢大仙,虎吼龙鸣腾上天。东皇提升紫微座,西皇佩下赤城田。承平久息干戈事,侥幸得充文武备。除灾避患宜君王,益寿延龄后天地。

《周礼·考工记》载:“吴粤(越)之金[2]锡,此材之美者……吴粤之剑,迁乎其地弗能良也,地气然也……”可见,吴越宝剑铸造所用原材料主要为当地盛产的铜、锡。无锡的锡山就因其盛产锡矿而闻名遐迩。据专家对湖北江陵县望山一号楚墓出土的越王勾践剑的化验分析可知,该剑以锡、青铜铸成,含少许铅、镍,剑柄及剑格中含硫元素。

吴越之地自然条件的优越及对宝剑的军事需求,使吴越铸剑技艺得到多方重视,各方著名的冶铸家云集吴越,使当地铸剑技艺融合了多方经验和智慧。经过多年沉淀,吴越铸剑技艺不断提升,甚至超越了中原。由于吴王阖闾对铸冶利剑的高度重视,使得“吴作钩者甚众”。《吴越春秋》载“干将者,吴人也”,“莫邪,干将之妻也”。干将、莫邪夫妇即为吴国最为著名,并载入史册的冶

① 吴干,最初指春秋时期吴国的干将剑,后泛指宝剑。
② 先秦称铜为“金”。

铸家。干将、莫邪铸剑“采五山之铁精，六合之金英”，为提高炉内温度，使用的是规模巨大的冶炉，“使童男童女三百人鼓橐[①]装炭”。在夫妻二人的不懈努力下，终于铸成可劈石如泥、为世人称道的“雌雄二剑”。《吴越春秋·阖闾内传》载“阳曰干将，阴曰莫邪，阳作龟文，阴作漫理。干将匿其阳，出其阴而献之”。

在几十年的春秋遗址考古发掘中，十几柄刻有铭文的吴越宝剑相继出土，以实物向世人展示了吴越宝剑的高超工艺。如吴王诸樊剑，出土于淮南蔡侯墓；工敔王剑，出土于山东沂水；工敔季子剑，出土于山西榆社；吴王光剑，分别出土于山西原平、安徽庐江、安徽南陵，还有收藏于荷兰波士顿博物馆的攻敔王光韩剑等。另有一柄刻有铭文“越王鸠浅[②]自作用铃”的越王勾践剑，出土于湖北江陵县望山一号楚墓。该剑身宽4.6厘米，全长55.7厘米，剑身饰以菱形花纹。据专家推测，该剑距今约有2 400年历史，但却仍保持锋利，可切割十余层报纸。郭沫若先生曾观看过此剑，后作诗赞曰：“越王勾践破吴剑，专赖民工字错金，银缕玉衣今又是，千秋不朽匠人心。”赞颂了铸剑技艺的高超及宝剑的精美。另有统计数据证明，夫差剑、吴王剑在山西、河南、湖北等地出土，而铸有越王名的青铜剑，有十余件出土。这些宝剑虽历史久远，但却依然寒光凛凛、锋利光洁，为吴越服饰形象添加了精彩的武器装备及随身佩饰。

三、现藏吴越宝剑之赏析

例一：吴王夫差剑[③]

现收藏于苏州东吴博物馆的吴王夫差剑，如图1-72，剑长

---

① 一种用皮革制成的鼓风工具。

② 鸠浅即勾践。

③ 按：苏州东吴博物馆提供资料。

图1-72 春秋吴王夫差剑（苏州东吴博物馆提供）

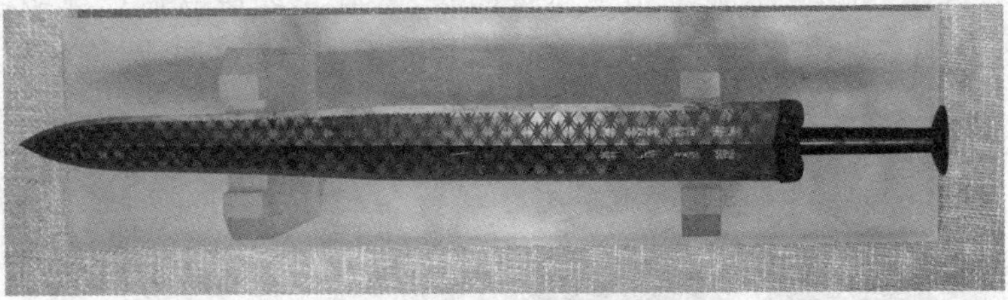

图1-73 越王勾践剑（复制品，绍兴博物馆提供）

60.5厘米，宽5厘米，铜质精良，剑体宽阔，覆有绿色薄锈，锋锷锐利，中部起脊，两从斜弧面。剑茎实心，茎上有两道凸起的箍，有缠缑痕迹。剑身铸有铭文两行十字："攻敔王夫差自乍其元用"，历经两千多年仍保存完好，是春秋末吴国青铜剑中的优秀代表制品，被定为一级文物。

夫差（前495—前473年在位），姬姓，春秋时期吴国从鼎盛走向灭亡的末代国君，吴王阖闾之子，曾于夫椒大败越王勾践，北上参与黄池会盟，奠定霸主基业。

例二：越王勾践剑[①]

越王勾践剑，1965年12月湖北省江陵县望山楚墓中出土。国家一级文物，湖北省博物馆收藏。2010年，绍兴建城2 500年之际，越王勾践剑首次回故乡展出，如图1-73。现在

① 按：绍兴博物馆提供资料。

绍兴博物馆展览的越王勾践剑为复制品，由湖北省博物馆复制提供。

该剑全长55.7厘米，身宽4.6厘米，柄长8.4厘米。剑身纵轴起脊，上半部近锋处两从略作弧收，锋刃犀利，剑面统饰黑色菱形纹，用手触摸纹饰，微有凹凸感；剑身下半部近格处正面铸八个错金鸟篆文，分列两行："越王鸠浅（勾践）""自乍（作）用剑"。宽剑格上铸兽面纹，并在正面镶嵌蓝色琉璃，背面镶嵌绿松石。圆管状直柄，剑首底面作十一道同心圆，同心圆间距最小仅2毫米。该剑为青铜质地，保存完好。

图1-74 战国越王者旨於睗剑（苏州东吴博物馆提供）

例三：越王者旨於睗剑[1]

现收藏于苏州东吴博物馆的越王者旨於睗剑，如图1-74，剑长56.7厘米，宽4.8厘米，剑体宽阔，中脊起线，双刃呈弧形于近锋处收狭。圆盘形剑首，圆茎上两箍，剑格两面铸铭文：戉王戉王者旨於睗。剑气精锐，铸造精良，被定为一级文物。

於睗即越王鹿郢（前464—前459年在位），为越王勾践之子，越国第三代越王。

① 按：苏州东吴博物馆提供资料。

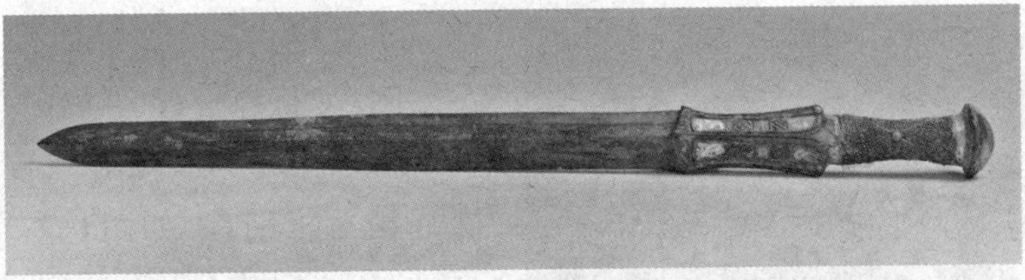

图 1–75　战国鎏金嵌绿松石剑（苏州东吴博物馆提供）

例四：鎏金嵌绿松石剑[①]

现收藏于苏州东吴博物馆的鎏金嵌绿松石剑，如图 1–75，剑长 55 厘米，宽 4.5 厘米，剑身修长，剑格上采用了鎏金工艺，剑柄上嵌有绿松石。具有少数民族特色，体现了粗犷但不失细腻的艺术风格。

例五：宽格双箍剑（带鞘）[②]

现收藏于苏州东吴博物馆的宽格双箍剑（带鞘），如图 1–76，剑（带鞘）长 53 厘米，宽 4.4 厘米，剑身修长，中间有一道凸起的脊棱，剑刃锋芒犀利。剑首向外翻卷作圆饼形，上铸若干道细小的同心圆纹。剑茎为圆柱体，并有两道凸起的箍。木质剑鞘保存完好，外表髹黑漆，上朱书

图 1–76　春秋宽格双箍剑（带鞘）（苏州东吴博物馆提供）

① 按：苏州东吴博物馆提供资料。
② 按：苏州东吴博物馆提供资料。

图1–77　嵌绿松石玉剑首（绍兴博物馆提供）

"兵涂"二字。

例六：嵌绿松石玉剑首①

绍兴博物馆收藏有一枚嵌绿松石玉剑首，如图1–77，直径3.8厘米，中孔径1.7厘米，厚0.8厘米。呈圆形，正面平，并雕饰带廓卷云纹，形似小玉璧状；背面弧鼓，素面。中间开圆孔镶嵌绿松石，镶嵌件正面弧鼓，背面平，形如围棋子。玉质呈象牙白色，绿松石镶嵌件边缘略损。该部件为玉石剑剑首或青铜剑剑首饰物。

2008年12月民间征集。据原持有人称，系绍兴地区出土。

① 按：绍兴博物馆提供资料。

第二章　秦汉魏晋南北朝——覆衣天下

第一节　服饰政治及对外贸易

一、服饰制度——“重功利”而“轻伦理”的价值观

公元前221年，秦灭六国，呈“六王毕，四海一”之恢宏气势，在中国历史上的首个得以统一的多民族封建国家中推行“书同文，车同轨，兼收六国车旗服御”，使服饰制度得到了统一。有文献载：“秦以战国即天子位，灭去礼学，郊祀之服，皆以袀玄，汉承秦故。”《礼记·大传》曰：“改正朔，易服色。”指王朝更迭皆因其所尚而变更其服色，有学者认为这种思想来源于战国时期齐人邹衍的“五德终始说”。《吕氏春秋》载：“代火者必将水，天且先见水气胜，水气胜，故其色尚黑，其事则水。”秦朝尚黑，“衣服旄旌节旗皆上黑”。由此看来，人之所尚不能决定朝代的更迭，倒是能够决定服色，《吕氏春秋》利用五行之说来强调秦将统一天下，只是为其政治意图服务。

冕服是等级标识区别最为典型的代表之一。“冕，大夫以上冠也。”被许可穿冕服的身份有天子、公、侯、伯、子、男、孤、卿、大夫等。在秦代，冕服制度一度中断。秦人“郊祀之服，皆以袀玄”，表明秦朝皇帝以下的百官，凡祭祀皆穿袀玄。秦代袀玄的

整体形象为由玄缯衣、纁缯赏构成的上衣下裳不连的服装，头戴通天冠。以玄纁色缯做的上衣下裳相连的深衣式服装上，头戴爵弁。冕服制度对封建礼法至关重要，以至于我们可以这样形容它：封建礼法如不穿着冕服，它将赤裸裸地毫无尊严可言；但是我们也注意到，秦代的冕服制度也打上了秦人功利主义价值观的痕迹。从秦人灭六国后灭去礼学和易服色可以看出秦人“重功利”而“轻伦理”的价值观。

二、社会背景——从“地广人稀”到“覆衣天下”

秦汉时期的江南，经济还处于较为落后状态，正如西汉史学家司马迁曾经描述“膏壤沃野千里”，天下财富“什居其六”之时，江南却处于“地广人稀”、“无积聚而多贫”之况[①]。

宗白华先生在其论文《论〈世说新语〉和晋人的美》中评论：“汉末魏晋六朝是中国政治上最混乱、社会上最苦痛的时代，然而却是精神史上极自由，极解放，最富于智慧，最浓于热情的一个时代。因此也就是最富有艺术精神的一个时代。”的确如此，三次衣冠南渡，使得中原文明被江南逐步吸收融合，江南最终成了中国的经济文化中心。

三国时期，孙权统治江南，尤其重视水利。从中原为躲避战乱而迁至江南的民众带来了先进的生产技术和劳动力，屯田垦荒力度进一步增强，江南蚕桑业得到空前发展。左思《吴都赋》载：“国税再熟之稻，乡贡八蚕之绵。”西晋末年，同样为了避乱而至江南的中原民众又一次接踵而至，带来了北方先进的耕作经验，很快使江南农桑业受益。东晋政府亦非常重视水利灌溉，当时的三吴地区：吴郡、吴兴、会稽广修塘堰、海塘、闸坝。水利

① （汉）司马迁：《史记》，卷一二九《货殖列传》。

的便利，加之充足的劳动力及先进的生产技术，使得江南蚕桑业成为影响社会经济发展的重要因素。《宋书》载："地广野丰，民勤本业，一岁或稔，则数郡忘饥……荆城跨南楚之富，扬部有全吴之沃，鱼、盐、杞、梓之利充仞八方；丝绵布帛之饶覆衣天下。"建康、扬州、京口（今镇江）、吴郡、会稽、余杭等地农桑繁荣，商贾云集。

三、对外贸易——海上丝绸之路的开辟

（一）东吴的治水政策及重视农桑

建都南京（时称"建业"）的第一个封建王朝为三国时期的东吴，孙权建朝后，非常重视治水政策的推行，将大禹作为榜样，主张"国以民为本，民以食为天"，"不更通伐，妨损农桑"，故大规模地兴修水利，开凿了多条运河要道，最具代表性的运河为沟通建业和三吴地区（今苏州、湖州、绍兴）的破冈渎运河。这一举措推动了建业及整个江南地区的社会经济发展，具有历史突破性，为中国经济中心的南移夯实了坚实的基础。

孙吴时期，统治者均非常重视农桑及丝绸生产，致力垦荒。永安二年（259），景帝孙休曾下诏："今欲偃武修文，以崇大化，推此之道，当由于士民之赡，必须农桑……田桑已至，不可后时。"《三国志·陆逊传》载，陆逊为海昌（今海宁）屯田都尉并领县事时，"劝督农桑，百姓蒙赖……官私得兼其利"。西晋时，江南已有桑树种输出北方。《晋书·慕容宝传》："辽川无桑，及廆通于晋，求种江南，平州桑悉由吴来。"

（二）海上丝绸之路开拓的关键期

中国海上丝绸之路的历史发展，经历了不同的历史时期，即形成期（周秦至唐），发展期（唐宋），极盛期（元明）。其中，

汉末三国是海上丝绸之路从陆地向海洋转化，使其形成的关键期，具有承前启后的作用。

1. 造船业的发展

在东吴之前，海上漂泊，多以帆船为信风，非常危险，因此而葬身大海者不占少数。三国时期，由于吴魏蜀三国时常在长江上作战，为适合水战需要，孙权特别培养出善于水上作业的精兵强将，以水军立国，其战斗力极强，甚至曾被曹操称赞。

水军作战自然离不开军舰，故孙权非常重视造船业的技术，使造船业得到了前所未有的发展，有史料记载"孙吴造船业尤为发达"。航船、航舰的设计及工艺水平不断提升，规模之大也是前代所不及的。

孙吴所造之船数量多、船体大、质量佳、美观壮丽、续航能力强。以军舰为主，其次为商船。据史料记载，东吴的最大军舰有五层，可一次载三千士兵。商船，"大者长二十余丈，高出水二三丈，望之如阁楼，载六七百人，物出万斛"。

1955年，东吴的陶制船模在广州出土。该船模保存完好，造型严谨，船体有八根横梁，横梁隔有八副舱板，将船体划分为九个独立的分隔舱结构。该项技术具有安全性保证，各个船舱独立，即便有一个船舱进水，也不会流入其他船舱，且不影响航行。为及时补救及修理争取了时间，船上的人员生命得到最大限度的保证。

有史料记载，吴国灭亡时，大型战船、商船等达5 000多艘。

2. 海外丝绸贸易的繁荣

如上所述，东吴非常重视农桑及丝绸生产，具有娴熟的造船技术及航海术，还拥有诸多熟悉水性及船技的水师及水军。这就具备了出海远航从事丝绸贸易的必备条件。海上丝绸之路在三国时期正式开拓而成。吴主孙权多次派使者出海远航，这一行动具有历史开拓性。海外贸易最主要的物资就是丝绸。孙吴时期,由于统治者的高度重视,故丝织业得到突破性发展,脱离两汉规格而追求创新。

为了保证丝绸贸易的物质供应,孙吴时,甚至御府中也进行锦绣丝绸的生产,生产作坊即为御府下属织室,官营丝织始创于此。《三国志·吴志》载孙权夫人潘氏"父为吏,坐法死,夫人与姊俱输织室。权见而异之,召充后宫"。同时,孙权又曾"敕御府为母作锦被,改易帷帐,妻妾衣服悉皆锦绣"。两晋《邺中记》载:"石虎①中、尚方御府②中巧工作,绵织成署皆数人。"南北朝时,此类作坊则按军事系统编制,管理更为规范。

海上丝绸之路的出发地点为江浙沿海,航渡出海的时间要参考季风的变化规律和海流的方向,一般在每年的六月至八月。这段时间,商船可以借助风帆和海流的力量,船上配备天文、地文导航以判别时间和方向。另外,船舶操纵技术的提升也保证了商船的航行速度及人员安全。东吴的海上商船配备了前所未有的多帆技术,斜移的帆面各自迎风,互不干扰,充分利用风力,大大加快了船行速度。吴人万震③《南州异物志》载:"斜张相取风气,而无高危之虑,故行不避风激波,所以能疾。"可见,东吴商船已经具备了多项科学依据,诸多商船远行具有一定的安全性。当时,孙权曾派人通过海上丝绸之路到过日本、朝鲜、林邑(今越南中部)、扶南(今柬埔寨)、南洋群岛多国,还与印度、大秦(罗马)等国也建立了交往,为后世的海上丝绸贸易打下了坚实基础。

---

① 石虎即赵石虎的官营丝织作坊,在当时规模最大。
② 尚方御府,即后赵主管这类作坊的组织,其下又有织锦署、织成署等。
③ 曾任丹阳太守。

海上丝绸之路是江南服饰史中非常有地域特色的案例，其形成与发展离不开吴主孙权的治国方略及当地丝绸产业的雄厚基础及水域环境的优势。

第二节 织锦刺绣——江南丝绸服饰之装饰

在中国，刺绣艺术起源很早。如第一章第五节所述周代帝王衮服之上刺绣的各具含义的十二文章。

在江南丝绸服饰中，织锦与刺绣是最为常用的装饰手法，结合丝绸的华丽和江南地区独特且多样的织锦与刺绣，使得江南服饰自古就带有一定的高贵品质和地方特色。汉代之前的刺绣服饰及装饰主要用于贵族，已有专职人员以刺绣为业，王充《论衡》："刺绣之师，能缝帷裳。"

吴地苏绣在江南具有非常强的代表性。两汉至南北朝时期，吴地苏绣逐步发展，为后世苏绣的辉煌奠定了坚实的基础。

一、蚕桑业的兴盛不衰

如本书第一章第一节中所述。江南蚕桑习俗历史悠久，蚕桑文化源远流长。从新石器时代至春秋战国，男耕女织成为江南经济的重要特征所在，江南庶民几乎家家种桑，户户养蚕。养蚕缫丝的民间技艺不断提升使得丝纺技艺得到长足发展，从而也对当地的染、绣技艺起到了积极的促进作用。江南地区的丝织品已经达到了一定的审美高度。

汉乐府民歌《陌上桑》中写道“罗敷喜蚕桑，采桑城南隅……头上倭堕髻，耳中明月珠。湘绮为下裙，紫绮为上襦”，两汉《焦仲卿妻》中写道“著我绣夹裙，事事四五通。足下蹑丝履，头上玳瑁光，腰若流纨素，耳著明月珰”等，是对当时女子丝绸服饰及刺绣工艺形态进行的描述。

日本《古事记》载，在中国东晋和南北朝时，日本曾先后派专使到中国浙江一带，寻求纺织、缝纫女工到日本传授技术，还带去名贵的丝织品“鹅毛二羽”。这些侨居日本的中国纺织工人，对日本古代的纺织印染、缝纫技术的发展，做出了卓越贡献。至今，在日本寿命寺所藏的古画中，还保留着中国纺织女工的画像，它寄寓了日本人民对她们的怀念和崇敬之情，也是与中国友好往来的明证[①]。

历秦汉及魏晋，虽因时代变迁及战乱影响，蚕桑业的生产出现过衰退之况，但由于江南地域条件非常适合植桑养蚕，必然由衰退再度兴盛。至南朝刘宋时出现“绵绢既贵，业蚕者滋，虽勤励兼倍，而贵犹不息”之状况。此时的吴地丝绵、丝织品的价格上涨，必然刺激了当地蚕桑业的进一步发展。《邺中记》载晋时的织绵纹样非常丰富，共罗列了15种，如“大登高、小登高、大明光、小明光……蒲桃文锦、斑文锦、凤凰朱雀锦、核桃文锦”，色彩上也极其丰富，“工巧百数，不可尽名”。可见，绢、锦的品种、花型之繁盛多变。

总之，江南自古衣被天下，蚕桑业的兴盛不衰，丝绸技艺的高超及丝绸经济的繁荣也促进了刺绣艺术的发展。

二、吴地刺绣服饰的演进

（一）吴地刺绣中佛教特征体现

1.“绣佛”之风气

江南刺绣可谓历史悠久。据史料载，春秋时，江南便有“绣

---

① 佘德余：《浙江文化简史》，人民出版社，2006年。

衣而豹裘者”的服饰形象。而汉代，江南受到佛教影响，民间出现关于佛像、经卷、莲花等绣品。两汉时期，吴地的农业、手工业得到了进一步发展。东汉后期，佛教已传入吴地，魏晋南北朝时期，以南朝为最，从统治者到庶民多信仰佛教，佛教在中国进入盛行期。梁陈两朝进一步发展，统治者中，梁武帝、陈武帝、陈后主对佛教尤为重视和崇拜。统治者的佛教信仰为佛教在社会上的盛行起到了重要作用，也为后世尤其是从隋到宋的历史阶段中佛教文化特色在吴地刺绣中的体现与融合打下了基础。汉末、六朝时期，佛教可谓“鼎盛期”，供养佛像多以费时耗工的刺绣工艺完成，其工艺严整，色彩瑰丽，谓之“绣佛”。以此可窥见时人对佛教的信仰之虔诚。佛像、菩萨、供养人及时人的衣衫之上多出现忍冬纹、卷草纹、莲花纹等极具佛教特征的图案。

南北朝时，受到战乱影响，北方人民多迁往吴地避难，而吴地少战乱，且又与北方人民交流、融合，其经济、文化得到了积极提升，吴地最具代表性的民间手工艺——刺绣在这样的历史时期里向前迈进。汉代，吴地苏绣考古发掘中，较具代表性的绣片为南京博物院藏广陵王刘胥夫人墓出土绣片、连云港博物馆在江苏东海县尹湾挖掘汉墓群中发掘的绣片。

例一：广陵王刘胥夫人墓出土绣片

1982年，在江苏高邮天山二号汉墓，即广陵王刘胥夫人墓出土了精美的刺绣残片，由于该墓曾经被盗后又被火焚，所以刺绣残片的底料呈被熏烧的黑色。残存绣件的图案线条较细，流畅生动，纹样内容较为丰富，有豆荚纹、金钟花纹、穗云纹，居中有鸟首形纹样，刺绣工艺上采用了辫绣针法。原件现藏于南京博物院。

例二：两汉中、晚期的木廓墓出土绣片

1993年，连云港博物馆在对江苏东海县尹湾汉墓群（属于两汉中、晚期的木廓墓）进行挖掘的过程中，M2的墓主人装束引起了在场专家的注意。该墓的墓主人为中年妇女，四肢平直，仰卧，全身裹殓衣，丝织品达十余层，且以丝带缠扎于胸前、腹部、臀部。其上盖有缯绣衾被两层。丝织品腐烂程度较重，仅见第二层绣衾残片，经专家仔细拼复后，可见一幅大型汉绣，命名为“珠慧长生图”。这幅罕见的汉绣由南京博物院鉴定，是当时江苏省发现的时间最早、面积最大、保存最佳的汉代刺绣品。

该汉绣“珠慧长生图”为真丝绢地面料，颜色为棕色，全幅长154厘米，宽约47厘米，主体图案布局饱满，为穗形流云，中间穿插丰富的、具有故事性和生活气息的图案，如天空飞翔之瑞兽，采药炼丹之羽人，奔腾跳跃之梅花鹿。还有抽象动物纹样，如凤鸟、孔雀、金龟。珠慧球共有九颗，大小各不相同，珠内喷射出多色火焰，直入天际。详细观看此汉绣纹样，最具特色的要属双耳突出、肩后长翅膀的“羽人”①，他立于炉边炼丹。“羽人”形象为汉代织绣及其他艺术品中常常出现，分析其存在原因，与汉初信奉道教及巫术有关，体现出时人对长生不老的渴望。王充《论衡》：“图仙人之形，体生毛，臂变为翼，行于云，则年增矣，千岁不死。”此墓葬品——绣衾《珠慧长生图》与汉墓壁画中大量羽化求仙内容是一致的。其中寄托了封建统治者对长生不老、羽化成仙的道学思想，也体现出了儒家“天人感应”之神学观念。

该汉绣的特色非常明显，采用辫绣针法，工艺精美绝伦。其构图缜密，充满了丰富的创造性。写意与写实相结合，现实与幻

① 羽人，仙人也。《楚辞·远游》：“仍羽人于丹丘，留不死之旧乡。”洪兴祖注：“羽人，飞仙也。”《山海经》中有“羽民国”。

想相结合，人物、飞禽、瑞兽飘然若仙、一并神韵饱满、奔腾活跃在一个时空，这也是西汉织绣的重要特色。

2. 民间之“绣荷”

莲花是佛教神仙的标志，而中国民俗中通常也以莲花、莲子作为爱情的象征、并取其吉祥之意，即“莲生贵子”。南朝诗人萧绎有《采莲赋》云：“碧玉小家女，来嫁汝南王，莲花乱脸色，荷叶杂衣香。因持荐君子，愿袭芙蓉装。”莲又名荷花，不仅具有浓厚的佛教意蕴，同时具有“出淤泥而不染”之品质，且江南水乡荷花繁多，更贴近人们的生活。故江南女子有绣荷花、绣荷包、绣香袋之俗，以此赠情郎作为定情之物。南宋诗人杨万里有诗云“接天莲叶无穷碧，映日荷花别样红”。古乐府《孔雀东南飞》中也有描写服饰的语句，如“妾有绣腰襦，葳蕤自生光”。南朝诗人沈约有诗云“领上蒲桃绣，腰中合欢绮”。

与荷花有着密切关联的图案还有很多，如荷花荷叶下面绣鱼，称“鱼穿莲”，有“年年有余”之寓意。而在荷花荷叶下面绣一对鸳鸯，称“双鸳鸯”，有“爱情美满，夫妻双双永不分离”之意。

（二）吴地刺绣艺术的发展与融合

《三国志·蒋钦传》：“妻窃衣服，悉皆刺绣。”《三国志·吴书·华覆传》载“妇人为绮靡之饰”，“绣衣黼黻，转相仿效”。显然，可以看出刺绣在三国时期的吴地占有着举足轻重的作用，刺绣服饰带有一定的流行性和普及性，成为时人重要的着装形式。

值得一提的是三国时期的两个典型人物，即“针绝”及“针神”。可以说，他们都是江南乃至中国刺绣史上地位显赫的刺绣艺术家。

“针绝”为吴主孙权的赵夫人。吴主孙权非常需要一幅魏蜀吴的军用地图，想找人绘出这“山川地势军阵图”。赵夫人竟一针一线绣了出来，献给吴王，当这幅绣图呈现在众人面前时，无人不惊叹其刺绣技艺之精湛。赵夫人因此而名声鹊起，被誉为“针绝”。

“针神”为魏文帝所宠爱的美人——薛灵芸，魏文帝改其名为“夜来”。她“妙于针工”，传说，夜来可以不借用灯光之明娴熟地做衣服。自从夜来入宫，魏文帝都是仅穿由她亲手做的衣服。夜来便有了“针神”之称。

《周书·武帝纪》载：南朝时期，尤为信仰佛教的梁武帝，还非常关注刺绣艺术的发展。天监六年（507），他的宫廷中设有罗绮、刺绣匠师等技艺人员五百有余，绣制五色绣裙，并且饰以珍珠。朱启钤《丝绸笔记》引唐代苏州文学家陆龟蒙《锦裙记》：“（侍御史赵郡李君）乃出古锦裾一条，幅长四尺，下广上狭，下阔六寸，上减三寸。半，皆周尺，如直。其前则左有鹤二十，势若飞起，率曲折一胫，口衔葩莩辈；右有鹦鹉，耸肩尾，数与鹤相等。二禽大小不类，而隔以花卉；均布无余地，界道四向，五色间杂，道上累细细点缀，其中微云琐结，牙以相带，有若驳霞残红，流烟堕雾，春草夹径，远山截空，坏墙古苔，石泓秋水，印丹浸漏，粉蝶涂染，盘缩环佩，云阴涯岸，浓淡霏拂，霭抑冥密，始如不可辩别，及谛视之，条段斩绝，介画处非绣非绘，缜致柔美，又不可状也……”可见，南北朝时期，刺绣图案已一改汉代之古拙调性，趋于灵巧。如仙鹤衔花、鹦鹉耸翅舒尾、花卉纹饰、花边点缀等创造性图案的出现。针法上也突破了汉代使用的辫绣技艺，出现了珠绣、盘金、平绣针法。与汉绣相比，吴地刺绣艺术有明显进步。

总之，两汉与魏晋南北朝时期，吴地苏绣受到本土蚕桑技艺提升的积极影响，同时得益于丝绸之路及佛教的盛行，使吴地苏绣从技艺上、艺术上都有了进一步的发展和融合，吴地苏绣从此进入了演进成长期，中国服饰文化也从此由封闭走向了融合。

第三节 士人着装——乱世冠巾杂之服饰形象

一、适意快心的士人叛逆性服饰

（一）战乱频仍引发服饰的变化无常

秦汉时期，中国的衣冠礼制遵循儒家思想而确立，在秦汉时期，对于服饰礼规，汉族人是不可以违反的。如《礼记》中规定，男子成年后行冠礼，贵族戴冠，平民戴巾，仅以这一规矩为例，在汉末魏晋时期被打乱了。究其原因，与当时战乱频仍有着直接的关联。战争不绝使社会经济及生活遭到严重破坏，导致经学衰落、礼制解体，社会经济上、政治上的动荡对当时的服饰文化产生直接的影响。由于战乱导致的民族迁徙，必然导致服饰的交融，也成为乱世之时服饰杂乱、变化无常的重要原因。正如《抱朴子·讥惑》载“丧乱以来，事物屡变，冠履衣服，袖袂裁制，日月改易，无复一定。乍长乍短，一广一狭，忽高忽卑，或粗或细。所饰无常，以同为快。其好事者，朝夕仿效”。

又有晋《东宫旧事》载“太子纳妃，有白縠、白纱、白绢衫、并紫结缨”。晋《修复山林故事》载：“梓宫有练单衫、复衫、白纱衫、白縠衫。”可见，当时便服在上、中阶层穿着的普遍性。且婚、丧二事均常以白色丝绸而成衣，这在中国服饰史中尤为特殊。魏晋时期，男女主服均以“举袂成阴”的大袖宽

图2-1　西晋着大袖宽衫的越窑青瓷佣人（萧山博物馆提供）

衫为尚，“一袖之大，足断为两，一裙之长，可分为二”，有飘然若仙之感。

总之，文人雅士、贵游子弟着装潇洒自由、不拘礼法，服饰变化无常成为这一时期的独特之处。

（二）魏晋之际南方士人之着装风格

1962年4月，南京江宁西善桥墓东晋墓出土了《竹林七贤与荣启期》大型砖印壁画，每幅高0.8米，长2.4米。此砖印壁画较其他七贤图资料早，且保存最为完整。相关学者根据其人物形象、衣着式样推论，人物形象接近东晋时期。该画中的人物衣着为当时天气湿热的南方士人普遍穿着的巾裹衫子便服。世人所称的“竹林七贤”分别为：刘伶、山涛、向秀、阮籍、嵇康、阮咸、王戎，因七人常聚于竹林肆意酣畅而得名，此“七贤”是魏晋之际士大夫阶层的著名文人。该砖印壁画分为南北两壁，南壁绘刻四人，为嵇康、阮籍、山涛、王戎，北壁绘刻四人，为向秀、刘伶、阮咸、荣启期。需要说明的是，图中除竹林七贤外，还有春秋时期的一名高士，名荣启期，因八人性格及服饰形象及风格非常相似，故一并展现在砖刻之上。也有学者认为，是当时的画家为了使南北壁画面对称，才将荣启期加入。有关荣启期的文字记载，如《列子·天瑞》篇载，孔子见其老而贫，披裘而带索，美其乐天安命。又如，在晋人皇甫谧《高士传》中，荣启期地位显赫。

画面完整而生动，除了对八个人物的刻画，还绘刻了品类各异的树木，增强了画面的空间感和生动性。该砖印壁画给我们展示了乱世冠巾杂乱的竹林七贤的“叛逆”形象，人物形象生动自然，衣饰绘刻具体。为后人研究留下了丰富的参考形象。现南京博物院的新展厅中就展出有《竹林七贤与荣启期》的模印砖画，为世人展现了更为直观的资料。

画中人物均席地而坐于树下，各有动势，每人身旁题榜表明身份，每人形象独立，以各种树木相隔。嵇康为“竹林七贤”之首，坐在兽皮褥上，腿屈膝状，头梳双髻，双手抚琴独奏，昂首远眺，呈孤傲不群之态。刘伶头梳双丫髻，此发型为《礼记》中规定的未成年人的形象，赤足而坐，右膝曲起，右手执一酒杯，左手似以指蘸酒，双目凝神于酒杯。从动态到神情，生动地体现出刘伶的玩世不恭的嗜酒之性、放荡不羁之态，不愧“酒徒狂士”之称。在民间，有关刘伶醉酒的故事颇丰，如“杜康酿酒刘伶醉，不醉三年不要钱”。《晋书·刘伶传》载其“放情肆志，常以细宇宙、齐万物为心，淡然少言，不妄交游”。竹林七贤中最具音乐天赋之人要属阮咸，壁画上的阮咸赤足盘腿坐于树下，悠然自得地弹奏琵琶[①]。此情景可见《晋书》、《太

① 《阮咸谱》20卷即为后人所辑阮咸一生创作的琵琶曲中的代表作。可惜多失传。有学者推测，现在流传的琵琶名曲《三峡流泉》即为其作，但未被最终定论。这里的琵琶，与现代琵琶不同，是一种被称为“阮”的弹拨乐器，传说这种乐器的发明者即为阮咸。

图2-2　南京七善桥发现的竹林七贤与荣启期图（南京博物院收藏拓本照片，南京博物院提供）

平广记》、《世说新语》等记载。阮籍博学多才，清高自许，《晋书·阮籍传》载其“容貌瑰杰、志气宏放，傲然独得，任性不羁而喜怒不形于色”。画面中的阮籍袒胸露臂，侧身屈膝而坐。山涛头上裹巾，亦赤足屈膝而坐。被誉为“童神”的王戎则赤足屈膝而坐，衣衫不整，一手把玩器物，一肘支撑在凭几之上，身旁置有尊和耳杯，似有醉态。

归纳八人形象，有的举杯畅饮，有的把玩器物，有的抚琴独奏等。所有人物形象情态生动，均大袖宽衫，褒衣博带，有飘然若仙之感。袒胸露臂，七人赤足，一人散发，三人梳丫髻，四人头裹巾，生动展现文人雅士的“放荡不羁”、“肆意酣畅”、“崇尚虚无”等轻蔑儒家繁缛礼节的生活情形。

图2-3 明代顾绣竹林七贤图轴[①]
（南京博物院提供）

士人阶层的着装行为均以竹林七贤为风格典范，他们共同推崇被儒家认定为“最低贱，最恶俗”的服饰，不加修饰，只求适意快心。《世说新语·容止》载“粗服乱投皆好”，即为西晋名士裴楷的形象。《世说新语·任诞》载有刘伶评价自己裸身会客的原由：“我以天地为栋宇，屋室为裈衣。”这成为魏晋时期着装更为极端的士人形象。

（三）贵游子弟女性化绮靡着装趋向

魏晋时期的贵游子弟，服饰以华丽、奢侈而著称，创造了另一个极端形象，可以说奢靡到了极点，这种史无前例的服饰现象之所以让人瞠目，是因为男装女性化的表现，整体服饰风格为“绮靡颓风”。这在中国服饰史上实为罕见。诸多贵游子弟流行穿着极其华丽而奢侈的锦衣华服，并以各种佩饰、如意等物件加以点缀，香囊、覆手、脂粉等一贯用于女性的用品也成为他们的必需品。《搜神记》载：“晋元康中，贵游子弟，相与为散发裸身之饮。”《世说新语·容止》载：“（何）晏性自喜，

① 刺绣纵125.9厘米，横55.4厘米。

动静粉白不去手，行步顾影。”梁朝全盛之时，《颜氏家训》载：“……贵游子弟……无不熏衣剃面，傅粉施朱，架长檐车，蹑高齿屐。”《周书·长孙俭传》载：“日晚，俭乃著裙襦纱帽，引客宴于别斋。”

上述贵游子弟多为士族子弟，他们养尊处优，家境富裕，平日闲来无事，生活空虚。过度地讲究自身服饰形象的雕琢，映射出的是士族们远离政治、及时行乐的内心世界。

二、魏晋名士着衣特色内涵分析

魏晋南北朝在中国的历史上可谓最为动荡的时期，但动荡的社会背景所带来的积极意义却显而易见，具体表现在文化思想和艺术的活跃性及创造性。而政局的混乱，导致朝廷黑暗、举荐虚名、直言进谏者惨遭杀戮等现象普遍，这使满腹才华且正直的士人不得不远离政治，名士们则傲视王侯，反对礼教，常结伴清淡，整日沉迷于酒、乐、丹、玄之中，自得其乐。如上所述，竹林七贤“越名教而任自然”的言行及特色鲜明的风流服饰，成为当时士人争相模仿的“榜样”，体现出当时社会战乱频仍、儒学信仰及礼仪瓦解的社会现实。魏晋文人在特殊的历史背景下必然产生特殊的文化心态，从而在其外在服饰形象上生动地表现出来，呈现出“乱世冠巾杂”的服饰现象。

从竹林七贤的主服来看，可按刘熙《释名》解释为“衫子”。具体特征为长衫大袖，且敞口，袖口无袪之限制。这与汉代的袍截然不同，汉人单襦，一般袖口内收或狭小。竹林七贤以褒衣博带之势展现其飘然若仙之感，从其“叛逆”的服饰形象体现出乱世中的文人雅客蔑视朝廷、反对儒教、不拘礼法、不入仕途的思想。故观其形象均为袒胸露背、披发跣足。相关的文献记载亦丰，《抱朴子·刺骄篇》载：“……阮嗣宗傲俗自放……或乱项科头，或裸袒蹲夷，或濯脚于稠众。"《晋书·五行志》载："惠帝元康中(291—299)，贵游子弟相与为散发裸身之饮……"《晋纪》亦载："谢鲲与王澄之徒，摹竹林诸人，散首披发，裸袒箕踞，谓之八达。"

从竹林七贤的首服，即巾子来看，除却散发者，多以巾子裹发。《晋书》载："汉末，王公名士多委王服，以幅巾为雅。是以袁绍、崔钧之徒，虽为将帅，皆着缣巾。"《晋书·五行志》载："魏武帝以天下凶荒，资财乏匮，始拟古皮弁，裁缣帛为白帢，以易旧服。"东晋裴启《语林》载：诸葛亮戴"羽扇纶巾"，故纶巾亦称"诸葛巾"。汉末《郭林宗别传》载："林宗尝行陈、梁间，遇雨，故其巾一角沾雨而折。国学士着巾，莫不折其角云。"角巾又称"林宗巾"。可见，整个社会的服饰风尚与知名士人的着装风格紧密相连。对名士的崇拜心理使得人们争相效仿其服饰风格，故而带动整个社会的服饰风潮。

思想领域，汉代儒学在魏晋时期走向衰落，崇尚老庄的玄学思潮应运而生，被文人雅士所追崇，玄学依托于老庄、《易经》思想，表现出以下特征：崇尚清谈、蔑视礼法、钟情自然、不拘名教等。"竹林七贤"便是魏晋玄学的最具代表性的人物，他们对朝政失去信心，故远避世俗，集结于竹林山野。"清谈"风尚自然也在东晋南朝所流行。服饰是文化的载体，外显形式最为直接和常见。"竹林七贤"的思想及行为在中国文化史上留下了浓重的一笔，影响深远。其服饰风范，也被魏晋文人雅士争相效仿。

玄学所讲究的"无"恰与佛教的"空"契合。故而，在魏晋时期的世人衣饰上还大量出现了莲花纹、忍冬纹、山石树木等具有佛教色彩的图案花纹。

鲁迅先生曾对魏晋士人的着装做了这样的分析："在宽衣

大衫，大家饮酒，反对礼教，无拘无束的表面现象下，还有更为复杂的社会因素，形成了他们在特定时代，以‘任性’、‘痴’、‘玄远’、‘酣醉’等外在行为来掩盖他们的不拘礼法的实质，以及无路可走的痛苦。从中也可窥见竹林七贤的服饰妆扮所蕴含的丰富而复杂的文化信息。也正因为如此，他们超然脱俗，看破尘世，我行我素，怡然自得的衣冠不整，行为不羁的装饰特征，被当时人们视作楷模而争相仿效。”

魏晋服饰文化在中国服饰文化的历史长河中是具有积极作用的，具有创新性和承上启下的作用。它发起于士族内部，其着装行为首先体现在文人雅士身上，他们才华横溢，具有很高的美学修养，是在名士之间传播的一种“雅文化”，在服饰及言行上反对传统的儒教，体现超凡脱俗和个性解放。在中国，从商周至秦汉，以儒学为核心的严苛的服饰礼仪制度首次招到冲击。魏晋时期反对儒教，思想的开放对隋唐服饰的辉煌奠定了非常重要的思想基础，尤其体现在唐代女子的着装上。在唐代，女子穿低胸襦裙，女着男装，女着胡服，都必须建立在思想的极度开放和社会包容度极大的社会背景下才能存在和流行。魏晋时期思想的解放，服饰的巨变，对后世的影响不仅表现在隋唐，它对整个中国服饰史的发展都起到了启发性影响，其作用无可替代。

第四节 女子装束——褒衣博带之个性风格

魏晋南北朝时期，虽政局混乱，战乱频仍，民众流离失所，不断迁徙，但其积极意义在于中国境内包括服饰在内的各民族文化有了一个大规模交流与融合的机会，形成了这一时期的独特风格，女子装束呈现出这一战乱频仍的历史时期的个性风格。

魏晋南北朝时期，女子主要日常服装包括深衣、衫、袄、襦、裙等。衣襟包括大襟和对襟，领口、袖口以刺绣装饰，腰间系围裳或抱腰，外以丝带束扎，廓形既有宽博之势，又有窄瘦之风。南北朝时期梁朝皇帝、文学家、南兰陵（今江苏武进）人简文帝萧纲《小垂手》诗云“且复小垂手，广袖拂红尘”。南朝梁文学家、吴兴故鄣人（现在浙江安吉人）吴均《与柳恽相赠答》诗云“纤腰曳广袖，丰额画长蛾”，描写的是宽博的女子服饰。而南朝梁代文学家庾肩吾《南苑还看人》诗云“细腰亦窄衣，长钗巧挟鬟”，描写的则是窄瘦的女子服饰。另有诸多诗句咏叹这一时期女子衫、襦、袄、裙等服饰形象。如南朝梁代史学家、文学家、吴兴武康（今浙江湖州德清）人沈约《少年新婚之咏》有“裾开见玉趾，衫薄映凝肤”，南朝齐谢朓《赠王主簿》“轻歌急绮带，含笑解罗襦”，晋代傅玄《艳歌行》云“白素为下裙，月霞为上襦”，南朝梁何思澂《南苑逢美女》云“风卷葡萄带，日照石榴裙”。

一、杂裾垂髾之深衣

魏晋时期，男子已经不穿的深衣，却在女子的着装中形成流行，且形成于历代不同的艺术风格。区别于历代深衣的款式局部主要在下摆，下摆处被裁剪而成多个上宽下尖的狭长三角形，层层相叠，状如旌旗，得名“髾”。加之数条细长曳地飘带，走动时就有了仙女下凡之美，有古语形容其为“华带飞髾”。东晋顾恺之《列女仁智图》中灵动的女子服饰形象为后人留下了生动的画面参考。南北朝时，款式上有了进一步更新，通常将曳地飘带去掉，将三角形尖端加长，如燕尾。

二、飘逸潇洒之佩饰

另外，颈肩部披挂帔子，交于领前。帔最早出现在晋代，后世继承并发扬。形似围巾。《释名》载："披之肩背，不及下也。"梁简文帝有诗云："散诞披红帔，生情新约黄。"总之，帔与魏晋女子主服搭配后产生的灵动效果可以说是惟妙惟肖的。

图2-4　穿杂裾垂髾的女子形象，东晋顾恺之《列女仁智图》卷局部

三、实用美观之履饰

履从材质上分类包括丝、锦、皮、麻等，从工艺上分类可包括刺绣、嵌珠、描绘。西晋著名文学家、书法家、吴郡吴县（今江苏苏州）人陆机在《织女怨》云"足蹑刺绣之履"。沈约有诗句"锦履并花纹"。其鞋头样式丰富多彩，均为高头式，如凤头、聚云、笏头、鸠头等。其功能兼具了实用及美观。穿着时，可在深衣内，推着裙裾前行，而不致使穿着者被绊倒，也可露在深衣的裙裾外侧，露出的鞋头美观大方，增强了服饰整体形象的生动性和美感。不限于女子穿着，男子也穿这种高头式鞋头的鞋履。

另外，江南水乡男女夏天多着木屐。《晋书·五行志》载："初作屐者，妇人头圆，男人方头，至太康初，妇人屐乃头方，与男无别。"

四、奢侈富丽之首饰

魏晋南北朝时期的女子的首饰名目繁多、质料华贵、样式丰富、风格豪奢。已经超越了以往各个朝代。首饰以个性独特、璀璨夺目为美。其先导者为宫中诸多嫔妃及战乱中军营里的妓女。

曹植《洛神赋》云:"奇服旷世,骨像应图,披罗衣之璀璨兮,珥瑶碧之华琚,戴金翠之首饰,缀明珠以耀躯,践远游之文履,曳雾绡之轻裾。"曹植《美人篇》云:"攘袖见素手,皓腕约金环。头上金爵钗,腰佩翠琅玕。明珠交玉体,珊瑚间木难。罗衣何飘飖,轻裾随风还。"繁钦《定情诗》中有这样细致而全面的描写:"绾臂双金环……约指一双银……耳中双明珠……香囊系肘后……绕腕双跳脱[1]……珮玉缀罗璎……素缕连双针……金薄画搔头……耳后玳瑁钗……纨素三条裾。"以上诗句足可体会到时人的首饰之美。由于首饰日趋华丽丰富,为展示更多精美头饰,一时间女子发式向高髻发展。除了头饰,时人还流行在高髻上插以鲜花装饰。

① 跳脱:臂钏、手镯。

第三章　隋唐至宋元
——卓越丰富

隋唐时期，中国大地南北统一，疆域之辽阔，经济之发达，对外交流频繁。通过“丝绸之路”打开国际市场。隋唐五代时期，江南经济最为发达的太湖地区当属湖州，当时的湖州可以说交通便捷，商贸兴盛，有“山泽所通，舟车所会，物土所产，雄于楚越，虽临淄之富，不若也”记载[①]。而杭州凭借优越的地理位置，唐后期始，发展成为全国一流的商业大都市。有这样的文字描述“邑屋华丽，盖十余万家，环以湖山，左右映带，而闽商海贾，风帆浪舶，出入于江涛浩渺、烟云杳霭之间”[②]。

第一节　丝绸业的繁荣及丝绸服饰的精彩绝伦

一、江南运河的纵横相联

开皇七年（587），隋文帝出于军事需要，疏浚邗沟，开凿山阳[③]渎——江都。开皇九年（589），隋文帝灭陈，使中国结束长

① 顾况：《湖州刺史厅壁记》，《文苑英华》卷八百一。
② 欧阳修：《欧阳文忠公集》卷四十《有美堂纪》。
③ 山阳：今淮安。

期分裂，南北实现统一。隋文帝建隋当年，改“钱唐郡”为“杭州”，迁治柳浦西，在凤凰山附近建州城。

隋炀帝即位后，再次疏通邗沟，打通“山阳渎——扬子入江”；并陆续开凿通济渠（洛阳——山阳）、永济渠（洛阳——涿郡①）、江南河（京口②——余杭③）。海河、黄河、淮河、长江、钱塘江五大水系纵横相联。以洛阳为中心，涿郡——余杭，南北全长四五千里的京杭大运河得以贯通。这是一条南北运输的大动脉，其历史作用不容忽视，便利了南北经济文化的交流。江南河全长八百里，杭州的地理优势得以体现，江南的粮食、丝帛等得以源源不断地供应关中地区。陆游《入蜀记》云：“自京口抵钱塘，梁陈以前不通漕，至隋炀帝始凿渠八百里，皆阔十丈。夹冈如连山，盖当时所积之土。”

京杭大运河为世界上最长的人工运河。至唐安史之乱以后，出现“天下大计，仰于东南”之态。宋“靖康之难”后，江南文化再次凸显，并再次出现南北融合之势。

二、江南丝绸业蓬勃发展

如前文所述，江南蚕桑业历史悠久，繁盛不衰，江南传统手工业亦以丝织业为主，加之京杭大运河的全线开通，江南丝绸贸易水陆畅通无阻，江南丝绸业蓬勃发展。又加之隋唐时期，江南社会相对稳定，劳动人口大量增加，经济呈向上发展态势，《吴唐拾遗录·劝农桑》载：“在十年间，野无闲田，桑无隙地。”

《新唐书》卷165《权德舆传》载，唐中叶后，政府的财赋和粮食供应主要“仰于东南”。而吴越之地因向朝廷进贡丝织品

① 涿郡：今北京。
② 京口：今镇江。
③ 余杭：今杭州。

数量繁多,且质量精美,故成为江南的丝织业中心。吴越进贡朝廷的丝织品主要包括:“越绫、吴绫、盘龙凤锦织成红罗縠[①]袍、袄衫缎”、“锦绮五百连”,“吴越异纹绫八千匹、全条纱三千匹、绢二万匹、绵九万两”。《十国春秋》卷三《吴睿宗纪》载,吴向朝廷进贡的丝织品有“锦、绮、罗一千二百匹”,“罗锦一千二百匹”。越州向朝廷进贡的丝织品也非常丰厚,数量上有十多种。吴绫、越罗为贵。扬州、润州、宣州、湖州、杭州、明州、睦州、荆州等丝织品也因其质量完美成为朝廷贡品。

五代十国时期,黄河流域战乱频仍,北方民众多南迁至江南地区,促进了江南经济的发展。中国的经济文化重心向长江流域转移。五代时期,吴国民间家庭纺织作坊密集,纺织品以数量繁多,花色精美而闻名遐迩。《吴越·武肃王世家》载:南唐出现了一种新的染色技术——“天水碧”。可见,当时丝织技艺的提升。南唐史虚白《钓矶立谈》记录了一段史实,即皇家库房状况,呈现“凡积兵器,缗帛七百余万”。

宋初,五代十国割据局面得到统一,吴越之地农桑业几乎没有遭到战乱影响,丝绸业在宋代得到了进一步发展。宋代时期朝廷所用官服面料以罗为主,而罗主要来源于江浙,据统计,江浙地区在宋时,每年向朝廷上贡的花素罗多达数十万匹,为保证贡品质量,在江浙各地,还增设了织罗务,对当地生产的罗织物进行质量监控,对尺度标准、轻重厚薄等严格把关,并制定了严格的惩罚条例。宋时,丝织品在数量上及新品种开发、特种高档次丝织物上均有突破。如绫、锦、罗、缬绢、绮、縠等。另外,加金工艺也常见记载。在江浙每年赠送给辽、金、西夏的礼单中,以上丝织物多有出现,数量多以万千计。宋代王栐撰《燕翼谋

① 縠:有皱纹的纱。

录》载：宋代加金技术就多达十八种。南宋周必大《绣衣卤薄图》载：二万余人的庞大仪仗队，着各种印染花纹衣帽的人就约有四分之一。其余人着锦、绣、绘等。

南宋，江南已名副其实地成为中国的经济重心。宋室南渡之后，北方民众再次大量流亡至江南，带来了先进文化及生产技艺，宋高宗、宋孝宗又兴修太湖地区水利，导湖水入江海，并设闸门调节水量，还修筑堤岸，以抵御风涛。这一举措，进一步促进了江南蚕桑农业的发展。进而为丝绸业的发展提供了物质基础。江南经济“富于中原”，有“苏湖熟，天下足”之说。规模宏大，人数众多的官办织锦院集中在苏州、杭州等地，不但织机齐备、染织工艺等技术先进，纺织品的质量也体现出精美绝伦之势。元时，苏州、杭州、松江、嘉兴、湖州的丝织业也远近闻名。南宋词人周密《齐东野语》卷六载：南宋绍兴内府装裱书画所用的绫锦品种繁多，如绫有大姜牙云鸾白绫、白蛮绫、碧鸾绫、皂鸾绫、皂大花绫、碧花绫、黄白绫等；锦有楼台锦、青绿簟文锦、红霞云锦、紫鸾鹊锦、青楼台锦、球路锦、衲锦、柿红龟背锦、紫百花龙锦、皂木锦、曲水紫锦、樗蒲锦等。

吴绵，即吴地生产的丝绵。在隋唐时期丝织品中地位显赫。白居易《新制布裘》诗云：“桂布白似雪，吴绵软于云。布重绵且厚，为裘有馀温。……谁知严冬月，支体暖如春。……安得万里裘，盖裹周四垠。稳暖皆如我，天下无寒人。”栽桑、养蚕、缫丝、织绸已经成为江南地区百姓的主要家庭手工业形式，形成了地域性，并世代传习。几乎家家植桑育蚕、户户机杼。吴地出现了诸多高级入贡丝织品，如润州水波绫、方棊；余杭郡白编绫、绯绫；晋陵郡绢红紫绵巾紧纱、紬；吴郡丝绵、绯绫、八蚕丝等。唐代文学家，江苏吴县人陆龟蒙描写了家乡“处处倚蚕箔，家家下渔筌”的场景。

另外，南宋时期，由于吴地为国家政治、经济重心所在地，聚集了大批达官显贵、富商大贾，他们的着装需求也成为江南丝绸业发展的助推力。南宋诗人范成大《缫丝行》有这样的描写："姑妇相呼有忙事，舍后煮茧门前香。缫车嘈嘈似风雨，茧厚丝长无断缕。今年那暇织绢著，明日西门卖丝去。"绘制出一幅江南蚕家繁忙的蚕事劳作情景，一方面说明了江南人家养蚕的普遍性，一方面以点带面，烘托出当时蚕桑经济的繁荣昌盛。

三、唐代女子金缕绣罗襦

在唐代，女子穿低胸襦裙，女着男装，女着胡服构成了中国唐代女子的三大特色。但值得一提的是，在江南，女着男装、女着胡服并没有像洛阳那样流行开来，主要原因在于地理位置上，江南远离北方的原因。

唐代江南女子着襦裙服非常普遍，上衫而下裙，另佩披帛。其制作面料一般均以丝织物为主，且以多幅为佳。在服饰色彩上，江南女子对白色、绿色偏爱有加。唐代诗人武元衡《赠道者》有这样的描述："麻衣如雪一枝梅，笑掩微妆入梦来。若到越溪逢越女，红莲池里白莲开。"《插田歌》云："农夫白苎裙。"盛唐著名诗人王昌龄《采莲曲》云："荷叶罗裙一色裁，芙蓉向脸两边开。乱入池中看不见，闻歌始觉有人来。"荷叶罗裙即为绿色罗裙。可见，在江南，清清淡淡的白色及接近自然的绿色倍受女子喜爱。另外，由于江南地区女子染整、织绸技艺高超，带有各色花纹的面料也应运而生。唐初浙江台州作家罗虬有诗云："薄罗轻剪越溪纹，鸦翅低从两鬓分。"

唐代江南女子着衫较为普遍。古人留有诗句，如：温庭筠"舞衣无力风敛，藕丝秋色染"，元稹"藕丝衫子柳花裙"，张祜

"鸳鸯绣带抛何处，孔雀罗衫付阿谁"，欧阳炯"红袖女郎引相去"等。

另外，江南女子着裙更为普遍，裙身宽大丰满，唐代诗人李群玉有诗云"裙拖六幅湘江水"，五代词人孙光宪其作云"六幅罗裙窣地，微行曳碧波"。唐代年轻女子还特别钟爱石榴裙，如唐代诗人李白有诗云"移舟木兰棹，行酒石榴裙"。唐代诗人万楚有诗云"眉黛夺将萱草色，红裙妒杀石榴花"。到盛唐时，女子裙子制作更为精美华丽，价格不菲，以昂贵为佳，百鸟裙、花笼裙、间裙等深受贵族女子追捧。《新唐书》载：百鸟裙"正视为一色，旁视为一色，目中为一色，影中为一色"。《资治通鉴》中载有关于安乐公主着白鸟裙的描写："有织成裙，值钱一亿。花绘鸟兽，皆如粟米。正视、旁视、日中、影中，各为一色"。而花笼裙，是以"单丝罗"织绣而成，其线轻软细薄，且半透明，以五颜六色的丝线刺绣花鸟等纹样。另外，唐代女子还着百叠裙、手绘裙等。唐代诗人白居易《秦中吟》曰："红楼富家女，金缕绣罗襦。"表现出唐女服饰的奢华。

综上所述，唐代女子着裙，无论何种款式，均依托于唐代丝绸面料的锦上添花。故下文以白居易的两首诗为例，呈现唐代丝绸面料及服饰的辉煌。

例一：皎洁精美的缭绫

唐时，越州的"缭绫"是著名的高档丝织品。白居易在其作《缭绫》诗中，生动地描写出缭绫的皎洁精美之风格。

> 缭绫缭绫何所似？不似罗绡与纨绮；应似天台山上月明前，四十五尺瀑布泉。中有文章又奇绝，地铺白烟花簇雪。织者何人衣者谁？越溪寒女汉宫姬。去年中使宣口敕，天上取样人间织。织为云外秋雁行，染作江南春水色。

广裁衫袖长制裙，金斗熨波刀剪纹。异彩奇文相隐映，转侧看花花不定。昭阳舞人恩正深，春衣一对直千金。汗沾粉污不再著，曳土踏泥无惜心。缭绫织成费功绩，莫比寻常缯与帛。丝细缲多女手疼，扎扎千声不盈尺。昭阳殿里歌舞人，若见织时应也惜。

先看缭绫的昂贵程度，诗中云：用缭绫做成的“昭阳舞人”的“春衣”，其价值“千金”。从其昂贵的价值可以想像缭绫的精美绝伦及工艺的精湛繁缛。

而诗文的开篇则以一句问话作为引子，“缭绫缭绫何所似？”给读者以强烈的好奇感和无穷的想像空间。在其下文“不似……”，“应似……”间，层层递进。众所周知，罗、绡、纨、绮已经在丝织品中非常精美了；诗中一句“不似罗绡与纨绮”将缭绫之精美推到了另一个高峰，显然，其精美是超越四者的。那么，缭绫究竟有多美呢？诗人一句“应似天台山上月明前，四十五尺瀑布泉”，赋予了缭绫神话般的美。“四十五尺”为一匹缭绫的长度，诗人将“瀑布悬流，千丈飞泻”之势如此巧妙地与缭绫之美融为一体，既壮观又柔美，浑然天成。另以“明月”衬托，“瀑布”柔美之中增添了光泽感，正是丝绸美的特征体现；而越地名山“天台山”正是缭绫的产地所在。作品巧妙地将越地名产及名山融合在了一起。

诗人以明月下的天台山飞泻而下的瀑布来形容缭绫高悬，不但形似，连色彩也冷艳夺目。而诗人为了将缭绫之美写完善，其上文章[①]是必不可少的。“地铺白烟花簇雪”正是绝妙之句。“地”即“缭绫”的底子，“花”即“缭绫”的花纹。“铺烟”、

① 文章：即纹样。

“簇雪”美词不但描绘出缭绫的底、花为白，且突出了其飘然若仙的质感、冷艳的色调、半透明状的轻盈感、神秘而闪烁不定的特性。

诗中“天上取样”，说明缭绫的文章出神入化，技术精湛，自然费工费时。“织为云外秋雁行，染作江南春水色”，描写的是缭绫之上文章的奇妙绝伦，颜色“染”成如江南景致般完美。缭绫最终的效果为“异彩奇文相隐映，转则看花花不定”，描绘的是以不同的视角去看缭绫，都能呈现出不同的奇文异彩，可见其工艺已经达到了令人惊叹的程度。

诗中除了以美景而喻，对缭绫进行了出神入化的描写外，还涉及了缭绫的织造者与享用者。“织者何人衣者谁？越溪寒女汉宫姬。”可见织造者的贫寒与艰辛，而作为缭绫的享用者，即消费者，其服饰形象无比奢华。两者之间形成鲜明的对比。“越溪寒女汉宫姬……去年中使宣口敕”，“丝细缲多女手疼，扎扎千声不盈尺”。说的是皇帝的命令不能违抗，心灵手巧的民间织造者甚至没有时间给自己做最基本的御寒衣服，而忍受寒冷，由于劳作艰辛，身体也受到很大摧残。可见，具有神话美感的缭绫背后隐藏着织造者怎样的艰辛。但皇帝之宠“昭阳舞女”却“汗沾粉污不再著，曳土踏泥无惜心”，实在使人心寒。这也正是诗人在作品中所要反映的深刻的思想意义。诗人以缭绫之美为题材，引发其织造者及享用者的两极对比，进而反映了封建社会剥削者与被剥削者之间的深刻矛盾。但仅从服饰的角度去分析，这首诗完美地体现了唐代丝织品的精美绝伦，令世人感叹。

例二：极致美的红线毯

唐时，宣州的“红线毯”与“缭绫”一样，均为著名的高档丝织品。白居易在另一首《红线毯》诗中描写了红线毯的柔软质感及精美至极。

红线毯，择茧缫丝清水煮，拣丝练线红蓝染。染为红线红于蓝，织作披香殿上毯。披香殿广十丈馀，红线织成可殿铺。彩丝茸茸香拂拂，线软花虚不胜物。美人踏上歌舞来，罗袜绣鞋随步没。太原毯涩毳缕硬，蜀都褥薄锦花冷，不如此毯温且柔，年年十月来宣州。宣州太守加样织，自谓为臣能竭力。百夫同担进宫中，线厚丝多卷不得。宣州太守知不知，一丈毯，千两丝。地不知寒人要暖，少夺人衣作地衣。

诗文首先叙述了红线毯的工艺流程，即“择、缫、煮、拣、染、织”。几个动词，已经不难看出“红线毯”的来之不易，蕴含着劳动者从育蚕到织造的艰辛。“披香殿”原指汉代的宫殿名，汉成帝的皇后赵飞燕曾经歌舞于此，诗中借指皇帝欣赏歌舞之地。

“披香殿广十丈余，红线织成可殿铺。”可见，红线毯的面积之大。试想，“十丈余”之巨的红线毯需要多少蚕丝及多少织造者的心血才能实现呢?

红线毯除了面积之大，还具有工艺上及纹样上的精美。“彩丝茸茸香拂拂”，“丝茸茸”写的是红线毯的丝缕柔软稠密，“香拂拂”写的是红线毯因染熏香料，随风轻飘而散发的香气。“线软花虚不胜物”写的是红线毯的质地松软丰厚，花纹精美，虚空柔软，是经不起外物挤压的。但恰恰相反，“美人踏上歌舞来，罗袜绣鞋随步没”，如此精美绝伦的红线毯，其作用却是专门供帝王宠爱美人歌舞践踏之用的，由于红线毯非常绵软，且具有弹性，美人歌舞之时，纤纤细足随舞步而陷没于毯内。

诗人在文中还将此红线毯与同类名品进行了比较，即“太原毯涩毳缕硬，蜀都褥薄锦花冷，不如此毯温且柔”。再将红线毯的水准推向了高潮。帝王“年年十月来宣州，宣州太守加样织”，诗人的“忧蚕桑之费”之情就此流露。为后文对宣州太守的阿谀奉承，为博“龙颜大悦”而增“蚕桑之费”进行抨击埋下伏笔。

故后文出现“百夫同担进宫中，线厚丝多卷不得”，“宣州太守知不知”，“一丈毯，千两丝”，“地不知寒人要暖，少夺人衣作地衣”，句句表现诗人内心对宣州太守及朝廷荒淫的愤慨。但从服饰的角度去欣赏该丝织物的美及丝织技艺之精湛，还是值得感叹的。

四、五代两宋之秀润玲珑

两宋时期的社会审美发生了巨大的变化，唐代的以丰腴为美的审美标准到了宋代一改为纤瘦为美，为避战乱辗转至江南的女词人李清照就有“帘卷西风，人比黄花瘦”等句，充分体现了时人的审美。而五代时期，这一审美转折已经有了明显体现。

以五代女服为例，较之晚唐相比，已趋向秀润玲珑。稀世珍品——南唐画家顾闳中[①]《韩熙载夜宴图》直观再现了五代女子着装风格的转变。《韩熙载夜宴图》为手卷形式设色绢本，横335.5厘米，纵28.7厘米。其内容表现了五段场景：听乐、观舞、休息、清吹、宴散。生动描绘了南唐显贵韩熙载的豪奢宴乐生活。该作品现收藏于北京故宫博物院。

观察《韩熙载夜宴图》中诸多女子服饰形象可见：晚唐女服中的宽衣大袖在五代时已渐趋窄瘦合体，披帛也一改唐代宽

---

① 顾闳中（约910—980），江南人。后主时任画院待诏，工人物，善于描摹神情意态。

图3-1　顾闳中《韩熙载夜宴图》(局部,故宫博物院收藏)

大之风,而渐趋长狭,甚至转化为长达三四米的飘带。盛唐时期,女子为追求丰腴之美,襦裙的腰线一度提升至乳峰处,但至五代时期,腰线已下落至腰间,以狭长裙带系之,垂于裙侧。总之,五代女子从盛唐时期的追求雍容丰腴脱离而出,追求秀润玲珑的风格已经显而易见。

另外,位于南京市江宁区祖堂山西南麓的南唐二陵[①]出土的男女侍从俑及舞俑的形象也为我们研究五代时期服饰形象提供了直观的参考。观其服饰特征及人物形象,与上文所述吻合,已经摆脱了唐代的丰腴,转变为修长淑雅。南唐二陵为南唐先祖李昪和中主李璟的陵墓。陵墓东边为“钦陵”,合葬着李昪(888—943)及其皇后宋氏;陵墓西边为“顺陵”,合葬着李璟(916—961)及其皇后钟氏。作为帝王陵墓,南唐二陵为中华人民共和国成立后在江南地区最早发掘的。

宋代江南女子保持了五代的秀润玲珑,服装款式流行“千褶”、“百迭”裙。款式特征为裙身修长,裙腰分割线也由唐代的腋下位置改至腰间,腰间还以绸带系扎,佩以绶环装饰。

① 1950年8月至1951年1月,南京博物院对南唐二陵进行了系统挖掘。

第二节 体现官阶品级的袍与带

一、唐前袍与带的阶官品级

中国冠服制度非常悠久，其目的在于区别帝王官宦，士人庶民的等级尊卑及贵贱，服制各有等差。夏商初见端倪，周代趋于完善。因服饰制度与礼仪活动具有一定的关联性，故中国历代冠服制度均与礼仪规定相吻合。在历代官服中，除却袍服颜色以区别官职外，官服腰带（亦称革带或束带）也是区别官职的重要标志。官服腰带多以皮革为带身，外包彩色绸绢，腰带上装饰有銙，即玉牌、金牌、银牌、犀牌等，腰带与牌总称玉带、金带、银带、犀带等。皇亲国戚命官重臣以金带为最贵。

《唐音癸签》载："唐百官服色，视阶官之品。"这与之前朝代仅祭服规定服式服色之说相异，隋及唐初，尚黄但不禁黄，士庶亦可服，据唐人魏徵等撰《隋书·礼仪志》载："百官常服，同于匹庶，皆著黄袍，出入殿省。高祖朝服亦如之，唯带加十三环，以为差异。"唐高祖武德初，用隋制，天子常服黄袍，遂禁士庶不得服，而"服黄有禁自此始"。"黄袍加身"成为帝王登基的象征。一直延续至清王朝灭亡。贞观四年（630）和上元元年（674）两次下诏颁布服色并佩饰规定，第二次较前更为详细，即："文武三品以上服紫，金玉带十三銙；四品服深绯，金带十一銙；五品服浅绯，金带十銙；六品服深绿，银带九銙；七品服浅绿，银带九銙；八品服深青，鍮石带九銙；九品服浅青，鍮石带九銙；庶民服黄，铜铁带七銙。"①

另有"袍如烂银文如锦"之句，这里的"袍如烂银"指的是

---

① 华梅：《中国服装史》，中国纺织出版社，2007年，第48页。

一般士人未进仕途者所穿着的白色长袍。"烂银"即"沙银",光泽偏暗。

二、宋元之际官员冠服制度

宋代的冠服制度,对冠冕、衮服尺寸、面料、用色、文章等都重新定制。官服中的腰带也有明确规定。《宋史·舆服志》载:"太宗太平兴国七年正月,翰林学士承旨李昉等奏曰:'奉诏详定车服制度,请从三品以上服玉带,四品以上服金带……'""元丰五年诏:……观文殿学士至宝文阁直学士、节度使、御史大夫、中丞、六曹尚书、侍郎、散骑常侍御仙花金带。"四年,中书省检会哲宗元符仪制令:"诸带,三师,三公、宰相、执政官、使相、节度使……佩鱼。节度使非曾任宰相即御仙花、佩鱼……"①《宋史·舆服志》载:"带。古惟用革,自曹魏而下,始有金、银、铜之饰。宋制尤详,有玉、有金、有银、有犀,其下铜、铁、角、石、黑玉之类,各有等差。"可见宋代舆服制度中的带饰,按等级规定了质地、花纹、形制和重量。

宋元之际著名历史学家马端临《文献通考》载:"用紫、青、绿为官服服色,是始于隋炀帝,定制于唐代。"晚唐五代诗人韩偓曾云:"声明煊赫文章士,金紫雍容富贵身。"这里的"金紫",指的是"金鱼袋"及颜色为紫的官服。《宋史·舆服制》、《梦粱录》、《武林旧事》等文献均载有南宋官员及贵族阶层人士束金带、银带、镀金玉腰带等。皇帝赐大臣金带之举也并不鲜见,如《宋史·舆服志》:"郊堙礼毕,亲王宰相至龙图阁直学士禁军将校,各赐袭衣金带……"南宋周密《武林旧事》中亦载"赐金带"。

---

① 《宋史》卷一百五十三,志第一百六"舆服五",中华书局,1977年。

宋时"赐紫金鱼袋"或"赐绯银鱼袋"即指被赐官员可穿紫色袍服，佩金饰鱼袋或被赐官员可穿绯色袍服，佩银饰鱼袋。这是宋代职官服饰制度的具体体现形式之一，时人以"金紫雍容富贵身"为贵。可见，封建社会的阶级性不仅体现在统治者与被统治者之间，统治阶级内部也是存在着阶级等级的，舆服制度与其他等级制度一样，是不可僭越的。下文中所涉及的南宋禁军将领吕师孟，就先后获"赐绯银鱼、紫金鱼袋"。见《宋史》载，吕师孟"右阶至武功大夫，左换至中大夫，两赐绯银鱼，紫金鱼袋"①。按上文所述，绯色为文武四品或五品官员服色，而紫色为文武三品以上官员服色。

三、宋末元初御仙花金带饰

1959年1月，南宋禁军将领吕师孟②夫妇墓于苏州虎丘山北黄桥乡建窑时被发现。与其同时出土的《故宜慰嘉议吕公墓志铭》记吕师孟生于"宋端平元年（1234）甲午正月二十日丑时"。于"大德八年（1304）甲辰七月十七日酉时考终命，享年七十有一"，葬于"是年十二月初八日"③。从时间上看，吕师孟所处时代为南宋晚期至元朝初年。该墓出土了大量金银器，现藏于南京博物院。其中，一组缠枝花果纹金饰件在中国及江南服饰史中具有很强的代表性，即御仙花金带饰。

（一）结构特征

《宋史·舆服志》载："……御仙花者排方。凡金带……观文殿学士至华文阁直学士御史大夫中丞六曹尚书侍郎散骑常侍

① 《宋史》卷一百五十三，志第一百六"舆服五"，中华书局，1977年。

② 吕师孟还曾任近侍武职、太守寺丞，枢密副都、兵部侍郎。后"除兵部尚书，辞"。

③ 《江苏吴县元墓清理简报》，《文物》1959年第11期。

开封尹给事中并御仙花。”可见，两宋时期，官至侍郎是可服用御仙花带的。

吕师孟夫妇墓出土的一组缠枝花果纹金饰件，共九件，均饰纹。其中，一块为长方形饰件，一边略弧，其他三边平直，整体圭形，是束带上铊尾；另一块为葵瓣形饰件，一边打有圆孔，直径约一厘米，作用在于与束带相联；另外七块为方形饰件，其形制、规格同，重量接近。以上九件缠枝花果纹金饰件均配以边框，边框有非常薄的金片，葵瓣形饰件边框呈葵瓣形，边框背面呈同形银衬板。银衬板的作用很明显，即固定带胯形状。遗憾的是，银衬板仅存此一件。南京博物院魏采苹老师曾对这九件金饰件进行了精细化辨识和考证，认为这九件金饰件应为同一条金束带上的饰件。

（二）工艺特征

对吕师孟夫妇墓出土的九件金饰件的工艺进行考量，其上花纹为立体效果的高浮雕工艺，纹样为缠枝花果纹。工艺处理上层次分明，错落有致。

1. 层次分明

地纹层次錾刻细点纹；地纹上层为浮雕花纹，雕琢出凸凹变化丰富的花叶枝茎，纹样题材选用双如意式；最高一层为高浮雕花纹，呈现立体效果最为强烈，工艺水准也是要求最为精美的，花果枝茎呈椭圆形，如在每一朵花果的最顶端均錾刻细圆点纹，其状很像荔枝果实。枝茎部分呈心形蒂叶纹样，在蒂叶纹样交错的缝隙中现浅浮雕花卉细纹。

2. 交错排列

在工艺上，层次分明并不足为奇，但层次之间的交错排列确实具有一定的难度。御仙花金带饰中呈现立体的枝茎纹样，具体处理为将金薄片卷曲成匀称的枝茎，将其巧妙弯曲，从第二层立体的枝茎和叶柄的孔隙间折转而出，如行云流水般顺畅，背面焊接以固定。这一工艺手法使该饰带枝茎呈立体镂空式、连绵不绝之态，枝茎之间灵活有致地以花果、花叶穿插连接，栩栩如生。

圭形铊尾上呈现出九个错落交织的花果纹样，花果纹样造型个性独特，富于变化，工艺精美，如行云流水，圆润雅致。该胯带从工艺上看已经具有一定的超越性，可以用“璀璨”、“完美”等词语来形容均不为过[①]。

（三）花纹特征

吕师孟夫妇墓出土的这一组金饰件上的花纹为缠枝花果纹，据相关文献记载及专家确认，该金饰件上的“缠枝花果纹”，即为宋代官员腰间所佩金束带上的“荔支”纹，又名“御仙花”纹。《宋史·舆服志》载：“其制有金毬路、荔支、师蛮、海捷、宝藏”，注曰：“方团二十五两；荔支自二十五两至七两，有四等；……惟毬路方团胯，馀悉方胯。荔支或为御仙花，束带亦同。”又载“束带则有金荔支、师蛮、戏童、海捷、犀牛、胡荽、凤子、宝花”，注曰：“荔支自二十五两至十五两，有三等……”[②]

细观其花纹，造型奇特，点线面结合生动，纹饰隽秀，变幻无穷，线条灵动柔美，在立体感、空间感上均有突破和创新。仅个体纹样之美已使人感叹不已，9块金铸一并镶嵌在束带之上，必将呈现金光璀璨、精美绝伦之势。在江南服饰史及中国服饰史上，称其为迄今为止发现的最完整、最精美、最具个性的金带饰并不为过。

① 参见《中国美术全集》工艺美术编第九册“玉器”图版二三三、二三四“玉带”。文物出版社，1986年。

② 《宋史》卷一百五十三，志第一百六“舆服五”，中华书局，1977年。

第三节　唐代千姿百态的女子发式及面妆

唐代，尤其是盛唐，江南的丝绸等贡品经过漕运运往京城，经济中心已由北方转移至江南。经济的繁荣，思想的开放，直接影响到了江南的服饰风格，其中，需要格外强调的是唐代女子的千姿百态的发式及面妆。可以说，唐代女子的发式和面妆具有很强的突破性，在中国服饰史上地位显赫。

一、发式

唐代女子发式非常丰富，较为常见的就有约三十多种，如半翻、盘桓、惊鹄、抛家、椎、螺等[①]。发式上面装饰有各种金钗玉饰，以及鲜花或绢花，装饰华丽，格外鲜艳夺目，实物可考唐代仕女画、出土文物及相关文字记载。晚唐诗人温庭筠《菩萨蛮》云："藕丝秋色浅，人胜参差剪。双鬓隔香红，玉钗头上风。"

二、面妆

(一) 佛妆

所谓"佛妆"又名"额黄"，其特征为在前额涂黄粉，可涂满额头，也有或上或下涂半个额头者，还有仅在眉心处绘新月形。这一妆饰受到当时佛教文化的广泛传播而被时人采用。《北史》载："周宣帝禁妇人不得施粉黛，自非宫人皆黄眉墨状。"《隋书·五行志》载："后周大象元年，……妇人墨妆黄眉。"裴虔余《柳枝词咏篙水溅妓衣》："半额微黄金缕衣，玉搔头袅凤双飞。

① 华梅：《中国服装史》，中国纺织出版社，2007年，第52页。

从教水溅罗裙湿，还道朝来行雨归。”温庭筠有诗句“额黄无限夕阳山”。李商隐《蝶三首》载：“长眉画了绣帘开，碧玉行收白玉台。为问翠钗钗上凤，不知香颈为谁回。寿阳公主嫁时妆，八字宫眉捧额黄。”唐王涯《宫词》曰：“内里松香满殿闻，四行阶下暖氤氲。春深欲取黄金粉，绕树宫娥著绛裙。”

上述文字记载可见，唐前已经有了佛妆的流行，关于其特征及所用材料都有相关记载。唐时，这一面妆得以普及。

（二）梅花妆

宋高承《事物纪原》卷三引《杂五行书》载，南北朝时“宋武帝女寿阳公主，人日卧于含章殿檐下，梅花落额上，成五出花，拂之不去，经三日洗之乃落。宫女奇其异，竞效之”。

此妆被称“梅花妆”或“寿阳妆”。有学者认为，这是花钿妆的前奏。

（三）花钿

所谓花钿，是唐时女子最为流行的面妆之一，即在眉心处，或额头、两鬓处贴以饰物，饰物为薄片状的金箔、银箔、翠羽、螺钿壳、云母片等，又名“花子”、“媚子”，以鱼鳔胶或呵胶粘之。

花钿的功能，学术界普遍认同的是跟佛教盛行有关，即以花钿模仿佛像额中的白毫。温庭筠有诗云“眉间翠钿深”、“翠钿金压脸”。

另外，花钿还用于遮瑕。如《旧唐书》载：“则天时，婉儿忤旨当诛，则天惜其才不杀，但黥其面而已。”后上官婉儿以花钿遮瑕。《酉阳杂俎》卷八载：“房孺复妻崔氏，性忌，左右婢不得浓妆高髻，月给胭脂一豆、粉一钱。有一婢新买，妆稍佳，崔怒曰：‘汝好妆耶？我为汝妆。’乃令刻其眉，以青填之，烧锁梁，灼其两眼角，皮随手焦卷，以朱傅之。及痂脱，瘢如妆焉。”唐代志怪小说《续玄怪录》也载有韦固之妻以额前花钿遮瑕的故事。

（四）斜红

所谓“斜红”，即在太阳穴处以胭脂涂抹两道，位于双眉外侧。据传，此妆饰源于魏文帝曹丕妃薛夜来，薛夜来初入宫中，不熟悉宫中物品，夜间误撞水晶屏风之上，涂药治疗后，太阳穴外侧留下两道痕迹。此形象并没有使曹丕生厌，反而倍加欣赏，故引起宫中女子竞相效仿。

（五）妆靥

所谓“妆靥”即在面颊两旁，以丹青朱砂点出圆点、月形、钱形、花朵、小鸟等，两个唇角外酒窝处也可用红色点上圆点①。关于此种妆面最早的记载可追溯至汉刘熙《释名》“以丹注面曰勺。勺，灼也。此本天子诸侯群妾当以次进御，其有月事者止而不御，重以口说，故注此于面，灼然为识，女史见之，则不书名于第录也”。唐代始，此妆发展为装饰脸部的妆饰。唐段成式《酉阳杂俎》卷八载：“近代妆尚靥，如射月曰黄星靥。靥钿之名，盖自吴孙和邓夫人也。和宠夫人，尝醉舞如意，误伤邓颊”，后“琥珀太多，及痕不灭，左颊有赤点如痣，视之，更益甚妍也。诸嬖欲要宠者，皆以丹青点颊，而进幸焉”。

（六）啼妆

《新唐书·五行志》载：“妇人为圆鬟椎髻，不设鬓饰，不施朱粉，惟以乌膏注唇，状似悲啼者”。白居易《时世妆》诗云：“时世妆，时世妆，出自城中传四方。时世流行无远近，腮不施珠面无粉。乌膏注唇唇似泥，双眉画作八字低。妍媸黑白失本态，妆成尽似含悲啼。圆鬟无鬓堆髻样，斜红不晕赭面状。昔闻被发伊川中，辛有见之知有戎。元和妆梳君记取，髻堆面赭非华风。”据相关文字记载，与之相配套的装束

---

① 华梅：《中国服装史》，中国纺织出版社，2007年，第54页。

为堕马髻、弓身步、龋齿笑等，以照顾到整体服饰形象的完整性。

以上文字记载及诗句生动描绘了唐代女子的啼妆，学术界普遍认为，这一妆饰受到少数民族的影响，同时，也是流行趋势的体现。当唐代女子妆饰已经发展到“纵横满面”了，必将朝它的相反方向发展。因此，追求怪异的啼妆的出现具有一定的必然性。

综上所述，唐代女子发式及面妆史无前例，丰富多彩，体现了社会政治的长期稳定、经济的繁荣昌盛及时人思想的开放、包容。同时，也是丝绸之路文化交流的一种体现。

第四节　江南水乡的蓑衣

一、材质与造型

蓑衣也被称为“棕蓑衣”，因其材质为从棕榈[①]树干上剥落下来的“棕衣”而得名，也有认为蓑衣亦可以草为原料。追根溯源，学术界普遍认为其历史悠久，最早出现在上古时期，为原始服装的活化石，即在原始社会就已经有了蓑衣的雏形。黄帝时期，就有伯余制衣之说：“伯余之初作衣也，緂麻索缕，手经指挂，其成尤网罗……”查阅文献记载，蓑衣被人们当作遮雨工具最早见于周代。江南水乡雨水充沛，正适合棕榈树的生长要求。

蓑衣的结构分上中下三部分，领口圆形，两肩伸展，前后衣片为半圆形，前开襟，最上面的部分用来遮覆肩膀和胸部，中间

① 棕树：学名棕榈，又名唐棕，棕榈科长绿乔木。原产于中国，现世界各地均有栽培，是世界上最耐寒的棕榈科植物之一。棕榈树在温暖、湿润、多雨的长江流域以南地区分布最多。

部分用来遮覆背部、腰部、腹部，下面部分则遮覆臀部、裆部、双腿，前襟与后肩是连接在一起的，整件蓑衣结构宽松，领口、前襟以棕绳系扎，着装者行走自如。整件蓑衣圆领无袖，适合各年龄各身材服用，且无碍四肢劳作。

二、工艺与功能

蓑衣的通身工艺为手工编制，代代相传。其质地坚韧，不易磨损，制作精细，江南民间的蓑衣充分体现出其“机智之巧”。其工艺要经过几十道工序方能完成，最主要的有四步，第一步立领，第二步由领子处延伸出蓑衣骨架，俗称“八挂”，第三步铺棕片，第四步以棕线进行缝合。棕丝质地细而密实，底摆处的棕毛任其披散，使得雨水落在上面迅速滑下，防雨功能尤佳，这样，便可腾出双手在雨中农田劳作了。

而关于蓑衣的功能，不单限于防雨，还同时具备了在秋冬季防寒的作用，民间有“寸草遮丈风”、“一蓑烟雨度寒凉”之说，指的就是用棕毛做的蓑衣可遮挡风雨的功能。另外，蓑衣还具备了在农田休息时间垫于身下当褥子防潮的作用。还有，在艳阳高照的天气，斗笠起到了遮阳的作用。《说文》曰：“蓑所以备雨，笠所以御暑”。在雨水充沛的江南水乡，劳动人民几乎家家具备蓑衣。旧时，蓑衣甚至作为嫁妆中的必备之物。又因其质地牢固，不易破损，又被作为传家之物。另外，在江南等地区，蓑衣还充当了农家神具。将其挂在墙上，也有将其包裹木炭放置于井底的，据说可以驱邪避害。还用农家在盖新房时，以蓑衣包裹正厅的“正梁”，寓意家族兴旺发达。这与工业化时代出现的工艺简单、价格低廉、生产效率高的油布、橡胶、塑料雨衣相比，蓑衣虽然显得沉重而繁琐，但其透气性及牢固性却是非常好的。但随着时代的发展，蓑衣已经慢慢从我们的视野中退出，走进博物馆或作为复古装饰，然而它所叙述的历史是那么的生动，承载着劳动人民的艰辛及欢乐，同时寄托着农家人心中美好的愿望。蓑衣已经成为江南服饰史及中国服饰史中的一个组成部分。

三、文化与意境

江南水乡农家的某个墙角通常挂着蓑衣、斗笠，旁边放着锄头、镰刀等农耕用具。似乎与诗情画意并无关联，但因蓑衣、斗笠多用于淅淅沥沥的春雨农忙时节，便多了份文化之美，诗的意境。

《诗经·小雅·无羊》云："尔牧来思？何蓑何笠。"这是目前为止文献中最早出现的记载，为2 000余年前的周代。描绘出周代耕者着蓑衣戴斗笠的服饰形象。蓑衣伴随着中国及江南的农耕历史被世代相传。唐代张志和《渔歌子》云："西塞山前白鹭飞，桃花流水鳜鱼肥。青箬笠，绿蓑衣，斜风细雨不须归。"该词如一幅幽静的山水画，生动地描绘了江南水乡桃花盛开、江水猛涨的季节里，正值鳜鱼肥硕之时，渔翁沉醉于湖光山色之中，在烟雨迷蒙、微风拂面的江南水乡悠闲自得捕鱼的情景。在这里，值得关注的是渔翁的服饰形象："青箬笠，绿蓑衣。"这一形象在江南水乡极具代表性，具有鲜明的地方特色。唐代《插田歌》亦云："农父绿蓑衣。"唐代柳宗元在《江雪》中云："孤舟蓑笠翁，独钓寒江雪。"唐代崔道融《田上》诗云："两足高田白，披蓑半夜耕。人牛力俱尽，东方殊未明。"诗人勾勒出的是农人不辞辛苦地农耕画卷。宋代苏东坡在《渔父四首》中有云："……渔父醉，蓑衣舞。醉里却寻归路。轻舟短棹任横斜……"宋代苏轼《浣溪沙》云："自庇一身青蒻笠，相随到处绿蓑衣。"显示出当时蓑衣穿着的普遍性和流行性。

东鲁王荆公诗："采采霜露下，披披烟雨中。茅蒲以为友，短褐相与同。勿妒市门人，绮纨被奴僮。当惭边城戍，擐甲徂春冬。"以拟人手法描绘蓑衣，勾画出一幅江南田间劳作的悠然恬静的画面。《明会典计赃时估》云："棕蓑衣一件，三十贯。"曹雪芹《红楼梦》第四十五回中有这样的描写："只见宝玉头上戴着大箬笠，身上披着蓑衣。黛玉不觉笑了：'哪里来的渔翁！'"

图3-2　江南农家蓑衣（嘉兴市丝绸博物馆收藏，刘文摄）

除了历代文学作品及诗人的语言留存，关于蓑衣，还体现在绘画作品中。如，现藏于台北故宫博物院的宋代画家李迪的作品《风雨归牧图》，其内容即为一牧童在风雨中驱赶自家牛儿回家的场景，其中，牧童的着装形象即为披蓑戴笠。另有南宋画家马远在其作《寒江独钓》中，呈现出的画面是一独钓之人，身旁摆放蓑衣，头顶以斗笠遮阳的情景。

就其传承性而言，我们有必要从其审美性、实用性、地域性角度去解读先辈们留下的服饰文化遗产。一鹰蓑衣，我们需要深度思考的是祖辈们的劳作生存状况及深厚的地域情节，惜物之情，对于江南水乡的农人，更多的是一种朴素的、执着的热爱。在科技、时尚渗入我们生活的现代，我们不应该忘却本民族的服饰文化遗产，它带给这片热土的不仅仅是当年的劳作时尚，更多体现的是江南水乡农耕文化的厚重。

第五节 南宋都城临安的服饰经济及服饰风貌

1127年，宋室南下定都临安（今杭州），史称南宋。宋室南迁，北方诸多能工巧匠及富商涌入江南，以临安为最，北方先进的生产技术促进了南宋手工业进一步发展。临安出现店铺林立，百货云集的繁荣景象。丝绸、纺织、印染等工艺发展尤为显著。此外，南宋的内河水运及海外交通十分发达，贸易往来四通八达，且具有国际性。服饰作为文化的载体呈现出前所未有的变化。

一、浙西水运之发达

1. 港口城市的优势

北宋临安以港口城市著称，与高丽、日本、东南亚、西亚等国建立了交往。浙西运河沟通开封、洛阳等地，沿长江可至两湖、四川等地。沿钱塘江可达婺、衢、徽州等地。北宋著名书法家蔡襄《杭州新作双门记》载："……二浙为大州，提支郡数十，而道通四方，海外诸国，物资丛居，行商往来。俗用不一。"[①] 北宋文学家欧阳修《有美堂记》云："若四方之所聚，百货之所交，物盛人众，为一都会，而又能兼有山水之美以资富贵之娱者，惟金陵、钱塘。"[②] 宋代文学家晁补《七述》云："杭之故封，左浙江，右具区，北大海，南天目，万川之所交

① 蔡襄：《蔡忠惠集》卷二八，载《蔡襄集》，上海古籍出版社，1996年，第四九四页。

② 欧阳修：《欧阳文忠公集·居士集》卷四〇《有美堂记》，载《欧阳修全集》，世界书局，1936年。

会，万山之所重复。或濑或湍，或湾或渊，或歧或弧，或衺或连。滔滔汤汤，浑浑洋洋，累累硍硍，隆隆印印，若金城天府之疆。其民既庶而有馀，既狡而多娱。可导可疏，可舠可桴，可跂可逾，可檋可车，若九洲三山，接乎人世之庐，连延迤逦，环二千里。”①

2. 浙西运河的顺畅

浙西运河又被称为江南运河，总长六百四十一里。始于临安府北郭务，终至镇江江口闸。可以说，浙西运河畅通无阻，可顺利到达江淮、两湖、四川等地，是南宋临安城的最为重要的水运线，其作用具有多元性。南宋诗人陆游《常州奔牛闸记》云：“自天子驻跸临安，牧贡戎贽，四方之赋输，与邮置往来、军旅征戍、商贾贸迁者，途出于此，居天下十六七，其所系岂不愈重哉?”② 陆游《入蜀记》云：“自京口抵钱塘，梁陈以前不通漕。至隋炀帝始凿渠八百里，皆阔十丈。……朝廷所以能驻跸钱塘，以有此渠耳。汴与此渠皆假手隋氏而为吾宋之利，岂亦有数耶！”陆游《入蜀记·宋人长江游记》载，陆游欲赴夔州（今四川奉节县）任职，途经临安、临平、崇德、石门、秀州、吴江、平江、无锡、常州、丹阳、镇江，又换江船，沿长江经瓜洲、真州、建康、江口、当涂、铜陵、池州、东流、江州、黄州、鄂州、石首、公安、峡州、归州、巴东、巫山，至夔州③。可见，临安水运之四通八达。元朝著名诗人方回在其《听航船歌》中曰：“船头船尾唱歌声，苏秀湖杭总弟兄。”④

---

① 《新编方舆胜览》卷一《浙西路·临安府·形胜》。

② 陆游：《渭南文集》卷二〇。

③ 陆游：《入蜀记》，载《宋人长江游记》，春风文艺出版社，1987年。

④ 方回：《桐江续集》卷一三，文渊阁《四库全书》本。

二、丝织业发展之繁盛

(一) 丝织业的发展

1. 官营丝织业的发展

南宋临安城在继承前代官营手工业的同时,使其较前代更为灵活,规模更为壮大。据相关史料载,官营丝织业代表为少府监所属的绫锦院、织染所和文思院。以武林门外夹城巷晏公庙的绫锦院为例,织机数量及工匠人数都超越了前代,共有三百架织机,数千人工匠;东库的织染所生产的丝绸产品为官府所需。而文思院在北桥东设有绫作、缂丝作等,生产的丝织品主要为岁赐所用的罗、帛等。文思院每年织绫数量任务为一千八百匹,丝原料耗费约三万五千两,另外,宫廷殿中省后苑设有专门的御服所、丝帛所、腰带所等,内侍省后苑设有造作所等。

2. 私营丝织业的发展

除此之外,私营丝织业也在当时发展迅速,规模空前。从此业者非常普遍。《马可·波罗行纪》载:"此城有十二种职业,各业有一万二千户,每户至少有十人,中有若干户多至二十人、四十人不等。"宋度宗咸淳时潜说友《咸淳临安志》所言"街坊"、"机坊",指的就是当时的私营丝织作坊。当时,临安城的丝织街坊有形成于唐代的城东菜市场桥、忠清巷周边。另外,新的丝织区已形成,在文思院北桥,其生产规模已经超越了老的私营丝织作坊①。

总之,无论是官营丝织业,还是私营丝织业,除却规模、产品数量、从业人数等,所使用的丝织生产工具也较前代先进。南

① 程长松:《杭州丝绸史话》,杭州出版社,2002年。

宋时，临安丝织业内已经使用了当时世界上最为先进的丝织生产工具——提花机，能更好地表达各种题材的花纹，大大提升了丝绸产品的质量和艺术效果，为丝织品风格的多元发展奠定了物质基础。

另外，不得不强调的是，由于宋室南迁，原设在东京的织锦院、染院、文绣院、裁造院也陆续改址临安。东京及北方地区的优秀纺织技艺，在临安得到融合和发扬，对临安丝织业的发展起到了推动作用，临安成为全国丝织业的核心地区。

3. 供品及税收的增加

从南宋临安上供数和税收方面，也可直观地体现丝织业的繁盛。据相关史料记载，南宋初期，临安城上供绢四万匹，至宁宗庆元间（1195—1200）增至十二万匹。丝织品的税额较唐时增加了七倍之多。数额的增加充分证明了南宋临安丝织业发展之繁盛。

（二）丝织品种花色繁多

《梦粱录》卷一八《特产》载，南宋临安的丝绸品种主要有“绫、锦、克丝、缎、纻丝……纱、绢……”可见，南宋临安的丝织品花色繁多，织染缂绣，应有尽有。

绫，唐代时为杭州特色贡品，质量尤佳。南宋时，临安城的绫品种尤为丰富，如柿蒂绫、狗蹄绫、白编绫、樗蒲绫等。绫的产量非常大，宋高宗曾下诏“临安府岁贡御服绫一百匹”。锦，五代吴越国以锦著称。南宋时，锦在临安的产量及技术上都得到了明显的提升，主要包括捻金锦、绒背锦等。《梦粱录》卷一八《特产》载：“锦，内司街坊以绒背为贵。”临安城的罗主要包括结罗、博生罗、暗花罗、金蝉罗等品种。《咸淳临安志》载“染丝织者名熟线罗，尤贵”。克丝，即“刻丝”及“缂丝”，唐代已有大幅佛像运用了此种技艺，是宋代最著名的丝织品。采用通经断纬之技艺，花纹极其精细，工艺难度非常大，甚至有的大面积织物要几年的时间才能完成。南宋时，除临安外，江南多地，如苏州、镇江、松江等都出产过缂丝产品。缎，品种多见销金线缎，另有混织染色线的花缎，即“锦裥缎子”。纻丝，为机坊所织，花色包括织金、闪褐、间道等。纱，杭州早在唐代就出产纱了。南宋时，临安城的纱无论从规模还是从技艺上都超越了前代，品种包括素纱、天净纱、粟地纱、茸纱等。绢，为南宋最普遍的丝织品。品种主要包括官机绢、唐绢等。

以上罗列的各类丝织品深受南北方消费群体的追捧，还远销海外。曾任台州知州的唐仲友，就曾经在家乡婺州（今浙江金华市）经销丝绸，开设了彩帛铺，临安出产的暗花罗售价极高，但销量却很好，一次就销售了三四百匹。另外，清河郡王张俊“广收绫锦奇玩、珍馐佳果及黄白之器”销售到海外，“获得几十倍”①。

三、中原文化之交融

南宋临安的商业非常繁荣。可见南宋文人耐得翁的游记《都城纪胜·序》云：“风俗典礼，四方仰之为师……自高宗皇帝驻跸于杭，而杭山水明秀，民物康阜，视京师其过十倍矣。虽市肆与京师相侔，然中兴已百余年，列圣相承，太平日久，前后经营至矣，辐辏集矣，其与中兴时又过十数倍也。”②可见，南宋临安商业的繁荣与中原文化的交融是分不开的。

有史料记载，南宋时，中原人，以东京人居多，到临安经商较为普遍。耐得翁《都城纪胜·铺席》载“如厢王家绒线铺

---

① 罗大经：《鹤林玉露》丙编卷二《老卒回易》，中华书局，1983年。
② 耐得翁《都城纪胜》序。

(自东京流寓),今于御街开张,数铺亦不下万计……堆上细匹缎,而锦绮缣素,皆诸处所无者”。《都城纪胜·市井》载:“其夜市……扑卖奇巧器皿百色物件,与日间无异。”南宋临安“西湖老人”①《西湖老人繁胜录》记录了临安夜市商品:有“狼头帽、小头巾抹头子、细柳箱、花环钗朵……销金帽儿、罗木桶杖……”总之,南宋临安的店铺兴旺,门类丰富,跟服饰相关的非常丰富,如珠宝、彩帛、绒线、布铺、胭脂铺、扇铺等。服饰商品琳琅满目,且受到中原文化影响,风格、种类等具有多元性。

四、服饰乱常之现象

(一) 西域风情在服饰上的普遍体现

宋孝宗隆兴元年(1163)七月二十五日,“中书门下省言:窃见近来临安府士庶,服饰乱常,声音乱雅,如插棹篦、吹鹧鸪、拨胡琴、作胡舞之类……”②乾隆四年(1168)七月,臣僚言:“临安府风俗,自十数年,服饰乱常,习为奢华,声音之娱,以郑乱雅,臣窃伤悼。中原士民沦溺日甚,延首企踵,欲自致于醇朴之化者三四十年,却不可得。而东南礼义之民,乃反堕于妖媚之习,而不自知,甚可痛也。今都人,静夜十百为群,吹鹧鸪,拨琵琶,使一人彩衣而舞,众人拍手和之。伤风败俗,不可不惩,伏望戒敕守臣检坐。”③绍熙年间(1190—1194),袁说友上奏曰:“臣窃见今来都下一切衣冠服制习外国俗,官民士庶浸相效习,恬不知耻。……紫袍紫衫,必欲为红赤紫色,谓之顺圣紫。靴鞋常履,必欲前尖后高,用皂革,谓之不到头。巾制,则辫发低髻为短统塌顶巾。棹篦,则虽武夫力士皆插巾侧。如此等类,不一而足。

---

① 原名无考。
② 《宋会要辑稿》,中华书局,1957年。
③ 《宋史全文》卷二五上,文渊阁《四库全书》本。

岂特习以为仪略无愧色。”[①] 宋朝理学家朱熹在《朱子语类》卷91《礼八·杂仪》中云：“今世之服，大抵皆胡服，如上领衫、靴鞋之类，先王冠服扫地尽矣。”南宋文学家楼钥《攻媿集》卷85《亡妣安康郡太夫人行状》载：“今之茶褐墨绿等服，皆出塞外，自开燕山，始有至东都者，深叹习俗之变也。”

以上所述，充分说明南宋时期，临安城受到西域风情的影响尤为明显，在服饰上得到了普遍体现。

（二）北宋中原风俗都市衣饰的传入

宋室南迁，东京人大量移居临安，带来的是民族之间的融合与交流。北方的风俗习惯，着衣风格给临安城带来了新鲜气息，临安的社会风俗及其生活方式受其影响而有所转变。

作为文化载体，且体现在日常生活中的服饰自然会随之改变。北宋东京市民南迁至临安后，其诸多服装样式及发饰等受到当地人的崇尚及喜爱，很快传入临安。袁褧《枫窗小牍》卷上云：“汴京闺阁妆抹凡数变。崇宁间少尝记忆作大鬓方额。政宣之际又尚急把垂肩。宣和以后多梳云尖巧额、鬓撑金凤。小家至为剪纸衬发，膏冰芳香，花靴弓履，穷极金翠，一袜一领，费至千钱。今闻敌中闺饰复尔，如瘦金莲方、莹面丸、遍体香，皆自北传南者。”[②] 这一服饰流行使当时在临安城专门经营东京衣饰的生意红火起来。

从贵族出行的衣着和举止可以更为明显地看出北宋末年东京衣饰特征及当时的着装环境，一并在临安出现。宋周煇《清波别志》载：“士大夫于马上披凉衫，妇女步通衢，以方幅紫

---

① 袁说友：《论衣冠服制》，载《历代名臣奏议》卷一二〇，上海古籍出版社，1989年。

② （宋）袁褧：《枫窗小牍》，上海古籍出版社，2012年，第10页。

罗障蔽半身，俗谓之盖头……皆为北地风埃设。”[①] 这是一个非常有意思的现象，水乡临安并不同于北方的多风尘天气，但依然有人出行以方幅罗巾盖身，车前以水洒路，实为多此一举。

（三）南宋愈来愈烈的服饰奢侈风尚

南宋时期，都城临安的服饰风尚最具代表性和历史性。

1. 奢侈之风的出现

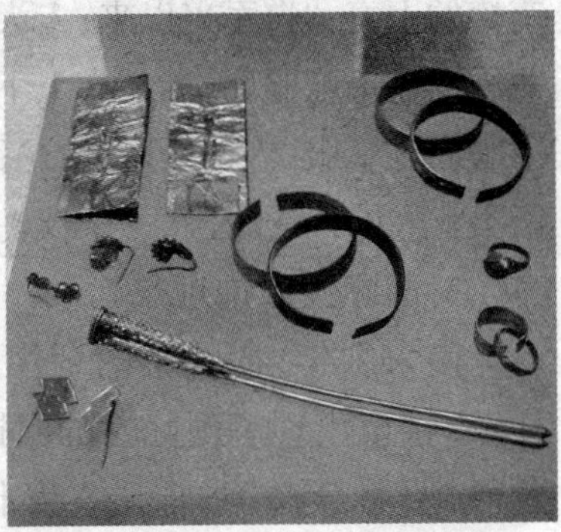

图3-3　南宋金箔、金首饰若干（吴兴区三天门宋墓出土，湖州博物馆收藏，吕淑颖摄）

南宋初年，政权刚刚建立，军资耗费强大，民力困竭衰弱，故服饰风尚呈俭朴态势。然至国家稳定，经济复苏，奢侈之风便流行开来。《宋史》卷六十五《五行志三》载：“绍兴二十一年（1151），行都豪贵竞为小青盖，饰赤油火䄷于盖之顶，出都门外，传呼于道。䄷者，乘舆服御饰升龙用焉，臣庶以加于小盖，近服妖，亦僭咎也。二十三年（1153），士庶家竞以胎鹿皮制妇人冠，山民采捕胎鹿无遗。时去宣和未远，妇人服饰犹集翠羽为之，近服妖也。”从吴兴区三天门宋墓出土的南宋金箔、金首饰若干可窥见一斑。

2. 违禁衣饰的流行

在南宋都城临安，如前所述，商品经济非常繁华，甚至冲淡了官方的法律规定。日常生活中，违禁衣饰普遍穿着在市民身上，堂而皇之地出现在服饰商铺中。临安富人以高档丝绸为主要衣饰面料，遍体锦绣，富丽堂皇；贵妇们则华丽衣裳，施粉黛

① （宋）周煇：《清波别志》，中华书局，1985年，第11页。

花钿，打扮精致，时谓之“修容”①。

黝紫色曾经为庶民严禁服用之色，但在南宋临安却成了市民服饰的流行色。宋朝王楙《燕翼诒谋录》卷五曰：“中兴以后，驻跸南方，贵贱皆衣黝紫，反以赤紫为御爱紫，亦无敢以为衫袍者，独妇人以为衫褑尔。”《历代名臣奏议》卷一一七中载有官员李椿的上奏：“自军兴以来，士大夫服紫衫以便戎事，不为过也，而四方皂吏士庶服之，不复有上下之别。且一衫之费，贫者亦难办。甲服而乙不服，人情所耻，故虽欲从俭，不可得也。”朱熹在《朱子语类》卷九十一《礼八·杂仪》中云：“今衣服无章，上下混淆。”

3. 国际性服饰现象

南宋末年，服饰上的奢侈风尚继续呈上升态势，不但僭越礼教，甚至出现了国际性的服饰交融及流行动态。宋代词人叶梦得《石林燕语》卷十云：“数十年来，衣冠诡异，虽故老达官，亦不免从俗，与市井喧浮略同，而不以为非。”临安城内衣冠鞋履更换迅速，流行周期缩短，样式不断推新。《梦粱录》卷十八《民俗》载“自淳祐（1241—1252）年来，衣冠更易，有一等晚年后生，不体旧规，裹奇巾异服，三五为群，斗美夸丽，殊令人厌见，非复旧时淳朴矣”。

南宋都城临安被西方汉学界普遍认为是中国古代，与唐代长安、北宋东京并称的“三大国际性的大都市”之一②。意大利旅游家马可·波罗称南宋都城临安为“世界上最美丽华贵之天城”。是时，对外贸易的繁荣昌盛，使得临安的风俗服饰受到海外多国的熏染而产生变化，其国际性服饰现象的出现是历史的必然。

---

① 佚名《释常谈》卷中《修容》。

② 特蒂乌斯·钱德勒（Tertius Chandler）、吉拉尔德·福克斯（Gerald Fox）：《城市成长的3 000年》，学术出版社，1974年。

第六节　蓝印花布——朴素及含蓄的民间技艺

中国蓝印花布源于秦汉，盛于宋代。自南宋迁都临安（今杭州），大量能工巧匠汇集于长江中下游一带，南北文化的交融促使蓝印花布得到了长足的发展。在民间，蓝印花布不仅是多姿多彩的衣料，而且又被制成门帘、头巾、帐幔、床单、手袋等，和百姓的生活紧密地联系在一起。

在江南，如江苏南通、浙江桐乡等，直至今日仍以蓝印花布为文化特色。下面，就以浙江桐乡蓝印花布厂的工艺及实物为例进行分析。

桐乡历史悠久，人杰地灵。春秋战国时为吴越交界之地，1993年撤县设桐乡市，隶属浙江省嘉兴市。

据史料记载，桐乡蓝印花布在明、清两代极为繁荣，当时“崇德（现属桐乡）一带，河上布船如织”，形成了织机遍地、染坊连街、河上布船如织的壮观景象。桐乡蓝印花布历代不衰，为民间百姓广为应用。2005年，“桐乡蓝印花布”被浙江省人民政府认定为非物质文化遗产，2014年“桐乡蓝印花布印染技艺”被录入第四批国家级非遗代表性项目备录。

一、工艺特色

整个工艺流程全部采用手工操作，纹样中细如蜘蛛丝的纹路称为“冰纹”，自然美观、无一雷同，这种特殊的艺术风格被称作手工印染的“灵魂”，是任何现代先进的机械印染所不能代替的。

用天然植物做染料，这已经成为21世纪新兴的环保染色工艺。桐乡天然草木资源丰富，杭白菊、桑树皮、早稻柴都是取之不尽的染料基。经草木染色的织物，穿着更舒适、色彩更柔和，有回归大自然之感。不加任何化工染料，耐洗耐晒，色性稳定，花纹愈洗愈明。且无任何毒性、无异味，据化验，还有驱虫的效果。

蓝印花布的制作工艺十分讲究，一般有以下四道工序：第一，纹样设计和花版制作。用点、线、块、面组合成纹样，然后用棉纸版刻成花版，先用熟桐油油漆晾干；第二，刮防染浆及阴晾干燥。把石灰和黄豆粉加水拌和成印花防染浆，漏刮在织物上，待七天期的阴晾干燥，才能染色；第三，调制染液与浸染。用"蓝草"植物的色素俗称"土靛"制成染液，在室温下进行多次染色。一般浅色染3—4次，中色染7—8次，深色染10次以上；第四，刮去防染浆显花与清洗晾晒。染色后的蓝印花布经过晾干或烘干，用刮刀刮掉防染浆层，然后用流水多次清洗，洗尽浮色。简言之，就是选用油纸手工镂刻花版，用黄豆石灰粉做防染浆，以植物蓝靛加酒糟发酵做染液，经反复浸染而成。

胚布

花版用料

花版

漏刮

室内晾干

反复染色1

反复染色2

反复染色3

流水清洗

室外晾晒

最后修刮

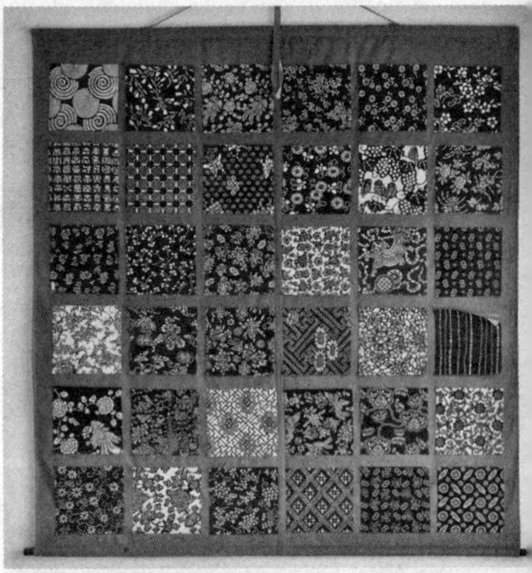

传统花型展示

壁挂作品

产品陈列

图3-4　保持传统手工操作的桐乡蓝印花布厂工艺流程及产品(刘文摄)

二、纹样特色

（一）颜色蓝白分明、清丽典雅

色彩强调蓝色的浓度，白色的纯洁。不管纹样有多复杂，仅有蓝、白两色。可以说，其色彩组成简单到了极致，但却以单纯明朗、对比强烈、色彩鲜明而独具魅力。有白底蓝花和蓝底白花之分。即朴素优雅，又纯洁大方，充满怀旧情怀。

在中国古代，蓝印花布的民间艺人们，随手把自然界蓝天、白云的蓝、白二色选择到蓝印花布上，看似无意识的，却充分反映出东方人本有的淳朴、和谐的审美理念。蓝色和白色，是生命的基本色调。《尔雅》说："春为青阳，谓万物生也。"在中国古代，青色（即蓝色）以春天、生命的象征出现在人们生活中。显然，青色被人们赋予了生命复苏、万物繁衍的象征意义而成了一种主观理性的认识。另外，多年来，中国古代服装制度对于色彩的限制使青色成为平民阶层的象征，而这种平民化的特质正是蓝印花布在民间一直长盛不衰的原因之一。青色在中国传统文学和古典神话中的形象也赋予了它更多的意义和内涵。如神话中的青鸟所蕴涵的美好意义以及它具有平民特质的仆役身份，给青色也赋予了同样的含义。

（二）古朴、大气的原始艺术痕迹

桐乡蓝印花布的风格古朴、大气，带有原始艺术的痕迹。其纹样高度概括、夸张适度，是抽象与写实的完美结合。由于桐乡蓝印花布的生产保留了传统手工艺的形式，受镂刻工艺的制约，只能用大小、形状不同的斑点和短线间隔地组成纹样，这种工艺上的局限最终转化为蓝印花布独特的造型手法，形成了它特有的形式——斑点的形状及其组织形式的节律美。近看"珠落玉盘"，远看恰似"花雨满池"，变化万千，构成了动人的艺术效果。而这种艺术效果纯真、古朴，带有浓厚的原始艺术痕迹，形成了其独特的审美风格。

（三）题材源于民间，淳朴、吉祥

桐乡传统蓝印花布的纹样取材均为老百姓喜闻乐见的民间故事、神话传说、戏剧人物等。充满生活气息，风格朴实、清新，乡土气息浓厚，且典雅大方，其章法结构疏密有致，穿插自然。不论何种纹样，都只用比较粗犷的点和短线组成，绝不用长线条。广泛采用吉祥纹样，还可以不断增添新的内容，群众喜闻乐见。

桐乡传统蓝印花布纹样吉祥。其纹样构成，因受到工艺的制约，所刻的花型都要受到断刀的影响，民间艺人既要考虑到花版结实耐用，又要顾及所刻花纹的形象特征。艺人们巧妙运用了大胆而夸张的手法，描绘大众所喜爱的吉祥如意的意境，创造出许多纯朴稚拙、丰富多彩的花草树木、飞禽走兽等形象。

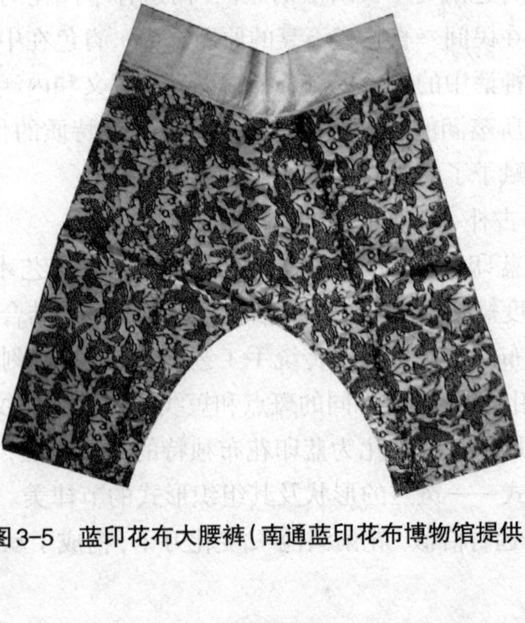

图3–5　蓝印花布大腰裤（南通蓝印花布博物馆提供）

根据某些花果草木或动物的生态、形态、色彩、功用等特点，来表现某种特定的思想。下面以常见几种纹样为例进行说明。第一，石榴纹样，以石榴内多籽实的特点来象征家族的多子多福。第二，松树及仙鹤组合而成的纹样，因松树树龄极长，有“松寿万年”之说，而仙鹤寿命也很长，有“鹤寿千年”之说，所以，“松鹤同寿”的纹样象征长寿延年。第三，中国人普遍认为牡丹象征富贵，花生、灵芝象征长生不老，铜钱象征财富。因此，或将其组合运用，或单独存在，均能表达吉祥寓意。第四，在中国的吉祥纹样中非常出名的梅、兰、竹、菊四花组合，亦是桐乡传统蓝印花布中常见的纹样。其寓意在于：梅花在一年中开花时间最早，有“花中状元”之称，兰花幽雅高洁，竹子虚心有节，菊花孤芳傲霜，不畏寒冷。梅、兰、竹、菊四花纹样就是利用人们对这四种植物的自然属性的理解，寓意高洁、坚韧的精神和纯洁的友谊。第五，在中国，龙凤两者结合寓意太平盛世，一般民俗中把结婚之喜比作“龙凤呈祥”。因此，在新婚夫妇被面上常采用“龙凤呈祥”纹样，以表达吉祥的寓意和祝愿。

时至今日依然流传不衰的“凤穿牡丹”、“狮子滚绣球”、“五福捧寿”、“岁寒三友”等传统图案为古版所传。

第四章　元明清
——异彩纷呈

明清之时，虽定都北京，但政府物资却大量依赖于江南提供，如清代“江南三织造”就是专为朝廷生产上用缎匹的机构，分别位于杭州、南京、苏州。江南经济、文化呈现繁荣昌盛之势。至明中期，正如《吴郡志》卷五〇云“上有天堂，下有苏杭”，江南经济发展迅速，居全国之首。这表明江南经济的鼎盛及全国经济重心的南移。

第一节　服饰原料的突破

一、“先棉”鼻祖黄道婆的“棉业革命”

（一）逃亡崖州

关于黄道婆生平的史料查阅，主要源于民间传说。多为如下描述：元朝初年，约公元1245年，黄道婆出生于上海松江乌泥泾镇，由于家境非常贫寒，自幼被父母卖给富人家中做童养媳，由于不堪忍受虐待，选择逃亡，她偷偷登上了停靠在黄浦江边的商船，逃离至海南最南端的黎族人民聚居地崖州，广大黎民的质朴和友善改变了黄道婆的命运，她在此定居下来，开始了全新的生活。

（二）学艺于黎民

在崖州，黄道婆带去了江南的种地技术，使当地黎民受益匪浅，当地黎民也将已经掌握了的棉纺织生产技术毫无保留地教授给她。元末陶宗仪《南村辍耕录》载："闽广多种木棉，纺织为布，名曰吉贝。"据相关文献记载，至迟两汉时期，棉花从印度传入中国的海南岛等西南地区。《尚书·禹贡》载："岛夷卉服，厥篚织贝。"这里的"卉服"即为海南岛的棉布之衣。海南崖州地区盛产木棉，且棉纺织技术发达。据《后汉书·南蛮西南夷列传》载：秦汉时期海南崖州就广植木棉，因"广幅布"的生产而闻名。黄道婆到崖州时，黎民已在使用的纺织工具，如踞织机、轧花机、脚踏纺车、弹棉弓、捻线纺轮、绕线架等，操作简单，且适用于生产。崖州黎民还熟练掌握织造黎单、黎锦、花被、缦布等技术，使黄道婆啧啧称赞。这些在当时黄道婆的家乡一带是远远不能达到的，上海一带的民众虽然也有植棉劳作，但棉花的产量非常低，棉花加工技术也非常落后，据《南村辍耕录》记载："初……率用手剥去籽，线弦竹弧，置案间振掉成剂，厥工甚艰。"可见，两地的植棉及纺纱织布技术相差悬殊。

黄道婆虚心请教，刻苦学习植棉、纺纱、织布技术，经过几十年的努力，已经全面熟练掌握了崖州黎民的全部棉业纺织技术。而且进行了创新开发，在当地棉纺织技术的基础上不断摸索，进行改进和提高，实现了速度更快，织布更美的技术效果。在崖州成为受人尊敬的纺织能手。

（三）惠泽家乡

黄道婆因年老思归，元朝元贞年间（1295—1297），告别崖州黎民，带上新式棉纺织工具返还家乡乌泥泾，看到家乡的纺织技术依然非常落后，如从棉花中去籽还在用手剥，纺纱依然用手摇单纺车等，就便将在崖州刻苦学习到的纺织技艺教授给家乡人民。

1. 棉种的引进

棉花种植的优劣，最首要的源泉便是棉种的质量。黄道婆把崖州棉种带回到自己的家乡，播种在乌泥泾的土壤里。这些优质棉种非常适合乌泥泾的土壤，棉桃吐絮绽放，长势喜人，家乡人民获得了棉花丰收，这些棉种，接着传播到了乌泥泾周边及江南各地，成为江南木棉种植业的源泉保障。

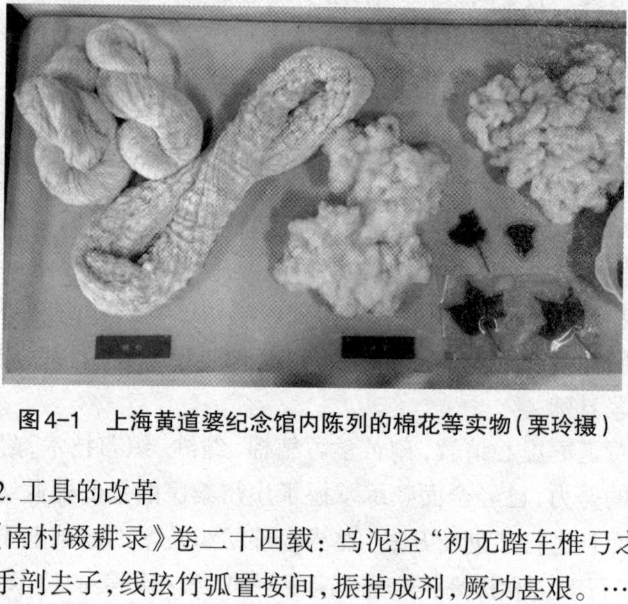

图4-1 上海黄道婆纪念馆内陈列的棉花等实物（栗玲摄）

2. 工具的改革

《南村辍耕录》卷二十四载：乌泥泾“初无踏车椎弓之制，率用手剖去子，线弦竹弧置按间，振掉成剂，厥功甚艰。……乃教以做造捍弹纺织之具”。黄道婆在继承崖州纺织工具的基础上，进行了改革与创新，请工匠按照自己的设计制作出轧棉机、弹棉弓、纺车、织机，使得上海松江一带的纺织器具得到了改进，黄道婆开始认真教授家乡人使用这些棉纺织工具，大大促进了江南棉纺织工业的诞生与发展。王韬在《瀛海杂谈》中

图4-2　上海黄道婆纪念馆内陈列的梳棉去籽等工具(栗玲摄)

称:“自黄姑归后,织纴器具大备,机杼之声,比刻相闻。濒海百里,实半赖之。昔完正课之外,尚有余布,是以人民称殷实焉。”

3. 技艺的传授

《南村辍耕录》卷二十四载:“有一妪名黄道婆者,自崖州来……至于错纱配色,综线挈花,各有其法。以故织成被褥带帨,其上折枝、团凤、棋局字样,粲然若写。人既受教,竞相作为,转货他郡，家既就殷。”

值得一提的是，在乌泥泾，黄道婆教授家乡人如何“错纱、配色，综线、挈花”的技法，并使其实际应用于被褥及服饰品中，还把黎锦的工艺方法，传授给了乌泥泾人，从此，乌泥泾人走上了主要靠植棉纺棉为生并致富的道路。

在黄道婆家乡，流传着这样的歌谣：“黄婆婆[①]！黄婆婆！教我纱，教我布……”正是由于黄道婆的人生经历，进而引发的“棉业革命”使得江南地区的棉纺技术得到繁荣发展，大大促进了生产，提高了棉纺织品的质量，使得棉纺织技术及棉纺织品普及到寻常百姓家。

4. 后人的感念

《南村辍耕录》卷二十四载：“妪卒，莫不感恩洒泣而共葬之。又为立祠，岁时享之。越三十年，祠毁，乡人赵愚轩重立。”

元代诗人王逢著《梧溪集》卷三《黄道婆祠有序》载：

> 及卒，乡长者赵如珪为立祠香火。庵后兵废。至正壬寅，张君守中，迁祠于其祖都水公神道南隙地，俾复祀享。且征逢诗传将来。辞曰：
>
> 前闻黄四娘，后称宋五嫂。道婆异流辈，不肯崖州老。
>
> 崖州布被五色缫，组雾紃云粲花草。片帆鲸海得风归，千柚乌泾夺天造。
>
> 天孙漫司巧，仅解制牛衣。邹母真乃贤，训儿喻断机。
>
> 道婆遗爱在桑梓，道婆有志覆赤子。荒哉唐玄万乘君，终觍长衾共昆弟。
>
> 赵翁立祠兵久毁，张君慨然继绝祀。我歌落叶秋声里，薄功厚飨当愧死。

---

① 黄婆婆：即指黄道婆。

图4–3　上海黄道婆纪念馆（栗玲摄）

图4–4　上海黄道婆纪念馆内黄道婆墓（栗玲摄）

清代学者王应奎（江苏常熟人）著《柳南续笔》卷二载“棉有草、木二种，皆出海外。……松江府东去五十里许曰乌泥泾，地高仰，不宜五谷。元至正间，偶传此种，植之于地，颇茂。有一妪名黄道婆者，自崖州来，乃教以杆弹纺织之法。……今棉之为用，可以御寒，可以生暖，盖老少贵贱，无不赖之。其衣被天下，后世为功，殆过于蚕桑矣，而皆开自黄道婆一人。是不当尸而祝之，社而稷之，与先蚕同列祀典乎？”

如上所述，黄道婆仙逝后，其家乡民众对其感恩戴德，奉她为“先棉”，尊为神明，为她建祠祭祀。数百年间，黄道婆祠在其家乡立毁重建，不下十次。

徐汇区华泾镇东湾村[①]13号为黄道婆墓址，元代始建，上海市人民政府于1957年及1962年分别进行了修复及立碑，后又重修。现墓地四周常年绿色树木及古色古香围墙环绕，庄

① 乌泥泾镇旧址。

严肃穆。墓前立汉白玉石碑，原中共上海市委书记魏文伯题写“元黄道婆墓”。黄道婆墓在1987年被列为市级文物保护单位。而2003年3月21日，约300平方米的黄道婆纪念馆在黄道婆墓旁建成，纪念馆内立有高2.2米的黄道婆雕像，门柱上对联“两手织就云裳，一梭穿行宇宙”，横批是由中国著名历史学家、教育家、社会活动家周谷城先生题写“衣被天下”。

在上海植物园内设有一座供奉黄道婆的祠堂——黄母祠，该祠1987年与黄道婆墓一并被列入市级文物保护单位。1993年12月，黄道婆纪念堂建成。启功先生为纪念堂题写楹联：纬地经天棉植见慈恩一方衣被，梯山航海机声垂教泽千载馨香。“先棉”鼻祖黄道婆的“不畏艰辛、敢为人先”的改革创新精神永远值得弘扬。

图4-5 上海黄母祠(栗玲摄)

明清以后，棉花种植普遍，因而棉织业迅速发展，尤以嘉、湖一带的魏塘、王店、枫泾等镇的棉织业更为著名。魏塘镇的棉纱产量巨大，以致民间流传有“买不尽松江布，收不尽魏塘纱”的谚语[①]。

二、名声鹊起——辑里丝

（一）“辑里丝”名称的由来

“辑里丝”即“辑里湖丝”，原名“七里丝”，明代中叶，因其被指定为皇帝所着龙袍面料之原料而名声鹊起。学术界普遍认为，“七里”是后来被雅化为“辑里”的。至清康熙乙丑年（1685）前后还称“七里丝”。雍正初年（1723），史籍上有了“辑里湖丝，擅名江浙也”之记载。清朝南浔诗人董蠡舟《蚕桑乐府》序云：“蚕事吴湖独盛，一郡之中，尤以南浔为甲。”咸丰《南浔镇志》载：明清两代南浔为湖丝集散中心，“每当新丝告成，商贾辐辏，列肆喧阗，衢路拥塞”，有“湖丝甲天下”之称。1851年，在英国举办的首届世博会上，南浔辑里村的“荣记湖丝”成为获得中国第一个世博会金奖的民族工业品牌。

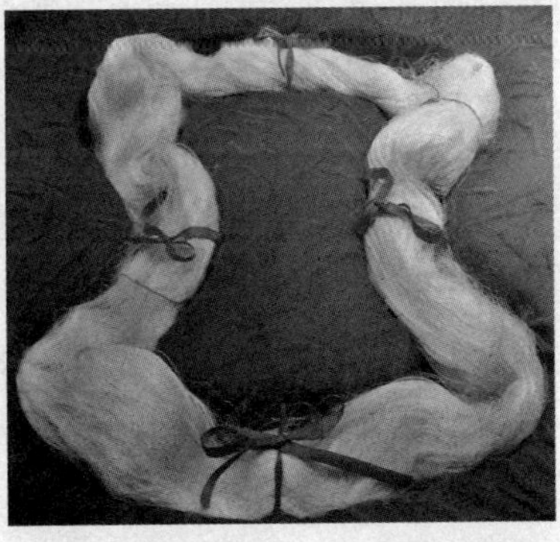

图4–6　“辑里湖丝”（湖州博物馆收藏，吕淑颖摄）

（二）与众不同的辑里丝

总结辑里丝与众不同之原因，第一，蚕种——“莲心种”，此蚕种所吐丝形成蚕茧非常小，犹如莲实，但却比普通家蚕增加10%的收茧量，且

① 佘德余：《浙江文化简史》，人民出版社，2006年。

坚韧。明成化《湖州府志》载“湖丝惟七里丝尤佳”，明代宋应星《天工开物》载用该丝制成的衣服：“即入水浣涤百余度，其质尚存。”明万历年间朱国祯《涌幢小品》载：“湖丝惟七里者尤佳，较常价每两必多一分，苏人入手即识，用织帽缎，紫光可鉴。”[①]第二，得益于辑里村100%透明度的清澈河水，以此水缫丝，丝光泽饱满，白柔，有韧性。嘉庆时贡生，浙江湖州人高铨《吴兴蚕书》载：“丝由水煮，治水为先，有一字诀，曰：清，清则丝色洁白。”道光二十年（1840）《南浔镇志》载：“雪荡、穿珠湾，俱在镇南近辑里村，水甚清，取以缫丝，光泽可爱。”第三，辑里村民缫丝技术精益求精，高于其他地区，且缫车先进——三绪脚踏丝车。明代学者，吴县（今江苏苏州）人黄省曾《蚕经》载：“看缫丝之人，南浔为善。”高铨《吴兴蚕书》载：“丝之高下，出于人手之优劣。同此茧同此斤两，一入良工之手，增多丝之数量，而匀、细、光、洁，价高而售速。”道光辛巳（1821）举人、江苏溧阳人沈练《广蚕桑说》载：“丝车制度，不可差以分毫，差之分毫则必有窒碍处矣。”《南浔志》云：“缫丝莫精于南浔人，盖由来久矣。”总之，缫丝技术及三绪缫车对蚕丝质量和生产效率起到举足轻重的作用。第四，具有区域特色的七里村缫丝技艺，被杭嘉湖苏等江南周边地区争相效仿，且进一步进行了借鉴及改进，使得蚕丝质量越来越好，最终，使辑里湖丝具备了“细、圆、匀、坚、白、净、柔、韧”特色。咸丰四年（1854）举人，浙江乌程（今湖州）人汪曰桢《湖蚕述》载：“旧以七里丝惟最佳，今则处处皆佳。”

（三）辑里丝经济之繁荣

南浔镇上之巨富，几乎均以丝业起家，时人这样比喻：“湖州

---

① （明）朱国祯撰、王根林校点：《涌幢小品》，上海古籍出版社编《明代笔记小说大观》，上海古籍出版社，2005年，第3168页。

整个城,不及南浔半个镇。”①1847年《中国近代对外贸易史资料》载:“中国出口生丝几乎全部产于浙江北面的三个府,即杭州府、湖州府、嘉兴府;靠近宁波的绍兴府也有丝出口,但数量不多。上述三府中,湖州府产量较其他二府为多。湖州府最大的生丝集中市场有三,即南浔镇、菱湖镇、双林镇。”②清光绪七年(1881)秀才,浙江吴兴南浔人周庆云《南浔志》载:“辑里村民数百家,市廛栉比,农人栽桑养蚕,产丝最著,明甲天下,海禁即开,逐行销欧美各国,曰辑里湖丝。”清政府在苏州、杭州设立织造局,在南浔镇设立“京庄”,专门收购生丝,还为广东商人设立了“广庄”。

辑里湖丝的进一步发展是辑里干经的创造。同治十二年(1873),南浔周氏家族周昌炽(1832—1883)试行改造成功“辑里干经”,“盖丝佳而工廉,各洋行咸来求购,畅销美国、法国。南浔周围百里之地丝商仿效之,因皆获利”。其后代又创制了方经、大经、花车经等,皆被海内外市场认可并畅销。《南浔志》对周氏家族的这一贡献进行了记载:“番信转华,大为称许,盖丝佳而工廉,洋经于是盛行。法兰西、美利坚前来购求,嗣又增出方经、大经、花车经等名称,至今风行。”摇经成为南浔一带村民的主要手工业。各地丝商将大量土丝销向南浔,在南浔摇成辑里经后再运往上海出口。据《续文献通考》载:“辑里,其丝经尤驰名欧美。”据刘石吉《明清时代江南市镇研究》载:19世纪80年代,南浔一带的辑里经每年出口达千余万元,专销欧美③。可以说,“辑里干经”的出现,使辑里土丝得到了彻底改良和提升,为辑里湖丝在清中晚期的进一步发展及民国初年的兴盛打下坚实的基础。

---

① 刘大钧:《吴兴农村经济》。
② 《中国近代对外贸易史资料》,中华书局,1962年,第578页。
③ 刘石吉:《明清时代江南市镇研究》,中国社会科学出版社,1987年。

第二节　元明时期的服饰盛况

一、繁盛服饰——“东南一都会”

唐宋时期的苏州，经济地位蒸蒸日上，古谚语有“上有天堂，下有苏杭”、“苏湖熟，天下足”，就是对苏州的最佳赞誉。《马克·波罗游记》也有多处描写。总之，明清时期，苏州的商品经济得到了更好的发展，社会进步，文化昌盛，服饰也呈现出繁盛之势。苏州被时世称为“东南一都会”。

元末张士诚之母曹氏墓（即俗称的“娘娘墓”）及明晚期王锡爵墓的出土文物，尤其是各种精湛的服饰品，则可窥见苏州当时生产工艺的先进，服饰的繁盛。

明代开始，政府在江南设立了江宁、苏州、杭州三处织造处，直至明末停废。这是当时江南服饰之辉煌的重要原因。

例一：元末张士诚之母曹氏墓出土服饰品

1. 女金冠

该女金冠的冠壳由非常细的竹丝编结而成网格状，内外边圈形状饱满圆润，由藤或竹条加工而成，丝线扎固，冠壳的表面覆麻及薄绢，冠上缀贴孔雀羽毛加以装饰（如图4–7），因出土后

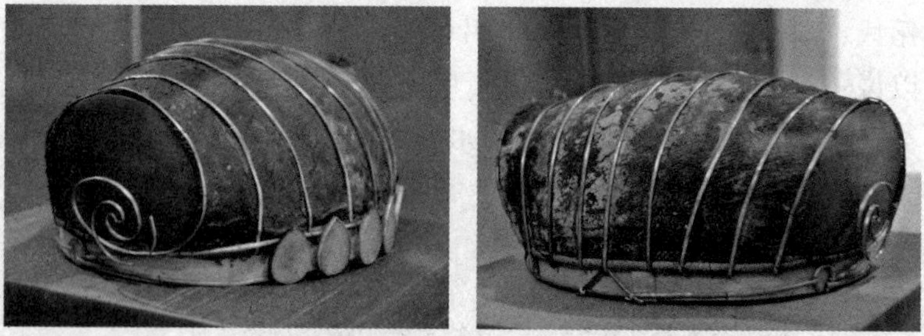

图4–7　女金冠（元曹氏墓出土，苏州博物馆收藏，郭友南摄）

即风化，现仅有少量残存蓝色孔雀羽毛痕迹。

2. 金镯

元代金银首饰工艺精湛，且服饰多呈现泥金颜色，染织工艺中多进行织金处理，女子“顾姑冠”上多装饰有金箔珠花等，可见，元人对金是情有独钟的。从元曹氏墓出土的一对手镯的分量感和厚重感即可看出元人对金饰的喜爱程度（如图4–8）。

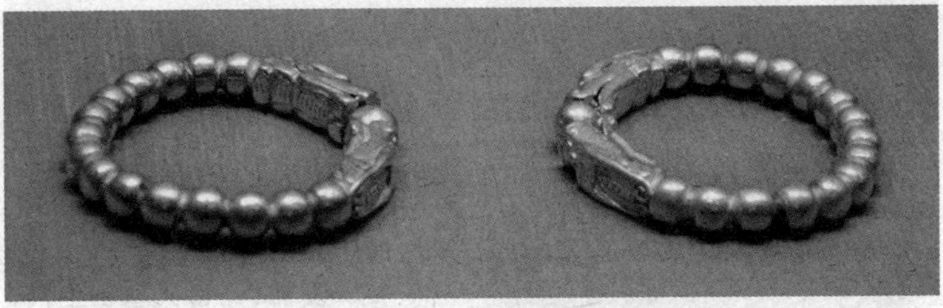

图4–8 金镯（元曹氏墓出土，苏州博物馆收藏，刘文摄）

3. 玉佩饰

该玉佩饰呈对称状，造型大气，具有蒙古族特色（如图4–9）。

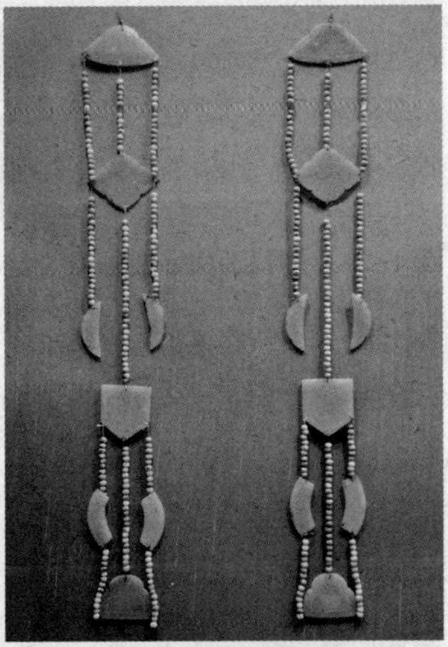

图4–9 玉佩饰（元曹氏墓出土，苏州博物馆收藏，郭友南摄）

4. 金日月片、金耳环、金戒指（如图4–10）

5. 钗、簪、梳（如图4–11，4–12，4–14）

6. 玉带（如图4–13）

例二：明晚期王锡爵墓的出土服饰品

明晚期王锡爵墓于1966年出土于苏州虎丘凤凰墩，出土服饰品细腻珍贵，很有研究价值。

图4-10 金日月片、金耳环、金戒指（元曹氏墓出土，苏州博物馆收藏，刘文摄）

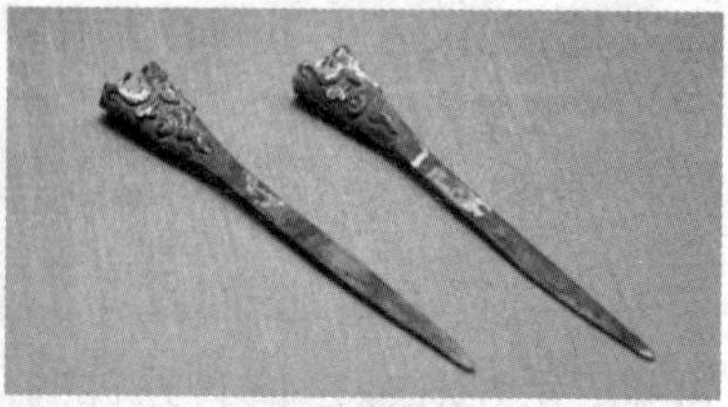

图4-11 鎏金银簪（元曹氏墓出土，苏州博物馆收藏，郭友南摄）

图4-12 发梳（元曹氏墓出土，苏州博物馆收藏，刘文摄）

图4-13 玉带（元曹氏墓出土，苏州博物馆收藏，刘文摄）

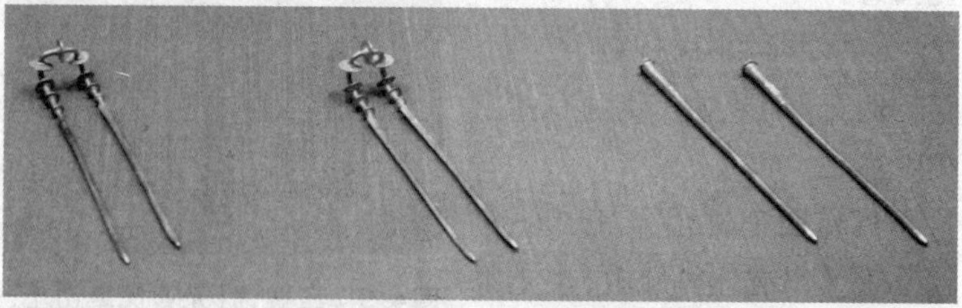

图4-14 金钗、金簪（元曹氏墓出土，苏州博物馆收藏，郭友南摄）

图4–15　三透雕玛瑙饰（正反面，苏州博物馆收藏，郭友南摄）

1. 三透雕玛瑙饰

如图4–15，此文物饰品形状不规则，质地玛瑙，在技法上十分丰富，主要运用了镂雕、高浮雕、钻洞技法，充分利用了原料的造型特征进行了巧妙的设计，玉髓肌理与物象浑然天成，栩栩如生，刻画无比细腻。

图4–16　黑绒冠（苏州博物馆收藏，郭友南摄）

2. 黑绒冠

如图4–16，此冠为“靖忠”冠，黑素绒面，内里为麻布，冠上梁为五道，另有如意纹，均以金线压缝。

3. 玛瑙束发（如图4–17）

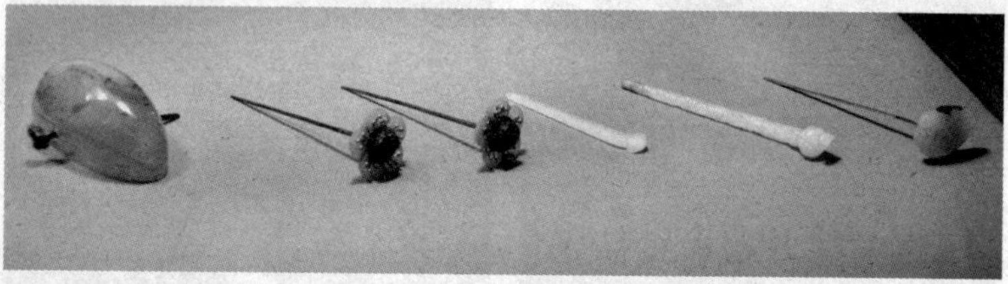

图4–17　玛瑙束发及发簪（明王锡爵墓出土，苏州博物馆收藏，郭友南摄）

二、豪奢之风——江南明中晚期市镇奢服华饰

上文中曾提到：明中期经济繁荣，“机户出资，机工出力”的资本主义萌芽的出现，使得时人的消费观念也发生了历史性的改变，衣饰上追求争奇斗艳、弃旧逐新的风格。的确如此，江南明中晚期市镇讲究奢服华饰，追求豪奢之风。

洪武元年（1368）至洪武二十六年，明朝的服饰制度逐步改进，主要服装制度定型，同时，还制定了有关服饰的多项禁令。但万历之后，服饰禁令松弛，奢服华饰随之在百姓中广泛流行，资金雄厚者表现得更为突出，奢侈之风冲击了服饰禁令的约束。

（一）明初的服饰等级制度

明太祖朱元璋认为，元朝灭亡原因为“服食居住”的等级僭越，且由于明朝在建国初期，物质匮乏，故明太祖朱元璋对百姓衣食住行的贵贱等级要求非常严苛。正如宋濂撰《洪武圣政记》载：“闾里之民，服食居住与公卿无异，贵贱无等，僭礼败度，此元之所以败也。”明太祖朱元璋《大诰续编 · 居处僭分第七十》载：“民有不安分者，僭用居处器皿、服色、首饰之类，以致祸生远近，有不可逃者。诰至，一切臣民所用居处、器皿、服色、首饰之类，毋得僭分。取有违者，用银而用金，本用布绢而用绫锦纻丝纱罗，房舍栋梁不应彩色而彩色，不应金饰而金饰；民之寝床船只不应彩色而彩色，不应金饰而金饰，民床毋敢有暖阁而雕镂者，违诰而为之，事发到官，工技之人与物主各坐以重罪。”又如张瀚撰《松窗梦语·风俗记》载：“国朝士女服饰，皆有定制。洪武时律令严明，群相蹈之，如翡翠珠冠，龙凤服饰，惟皇后、王妃始得为服；命妇礼冠四品以上用金事件，五品以下用抹金银事件，衣大袖衫，五品以上用纻丝绫罗，六品以上用绫罗缎绢，皆有限制。”《明史·舆服志》载：“洪武三年，庶人初戴四带巾，改四方平定巾，杂色盘领衣，不许用黄。又令男女衣服，不得僭用金绣、锦绮、纻丝、绫罗，止许紬、绢、素纱，其靴不得裁制花样、金线装饰。首饰、钗、镯不许用金玉、珠翠，止用银。六年，令庶人巾环不得用金玉、玛瑙、珊瑚、琥珀。”

可见，明朝建国之初，身份等级礼制非常严苛。民风朴素，无僭越礼制之态势。清人叶梦珠撰《阅世编》卷八“冠服”①记叙了明初期民服的朴素之风：“其市井富民，亦有服纱绸绫罗者，颜色必青黑，不敢从新艳也。良家清白者，领上以白绫或白绢护之，示与仆隶异……其仆隶、乐户、止服青衣，领无白护，贵贱之别，望而知之。”

(二) 明中晚期的奢侈之风

比较明初的服饰制度，明中晚期出现了以江南地区为代表的大胆僭越礼制之风。明初的朴素、暗淡与明中晚期的民风奢靡、僭越礼制形成鲜明对比。如服装上的纹样甚至出现了冲击封建皇权的现象，团龙、立龙等龙的纹样相继出现。

① 《阅世编》，清叶梦珠撰。叶梦珠，松江府上海县人，生卒不详。《阅世编》中记有明崇祯七年（1634）金伯固设塾于上海城南，叶梦珠前往就读，叶时年十二岁（《金伯固先生》），可考知叶梦珠当生于明天启三年（1623）。

清钱泳《履园丛话》卷七《骄奢》载:“不论富贵贫贱,在乡在城,男人俱是轻裘,女人俱是锦绣。货物愈贵,而服饰者愈多。”明末江南“四大公子”之一、明末清初著名文学家冒襄在其《影梅庵忆语》中曰:“士民竞以华服相夸耀,乡间妇女亦好为华服。”黄印《锡金识小录》卷一《备考上·风俗变迁》载:“以布为耻,绫缎绸纱,争新色新样……间有老成不改布素者,则目指讪笑之。”可见,江南奢服华饰的服饰潮流遍及社会各个阶层,具有一定的普遍性,甚至奢华过度导致荒诞。

明中晚期,以江南为代表的奢侈之风直面旧的封建道德理念,冲击了封建等级尊卑制度。具体表现在服饰上,如衣着华丽已经不是贵族的专利,庶民及奴仆也可穿着。雍正帝针对奢侈之风曾下诏钳制,但却没有解决世风奢靡之状。“然奢靡之习莫甚于商人,内实空虚而外事奢侈。衣服屋宇,穷极华丽……甚至悍仆豪奴,服食起居,同于仕宦,越礼犯分,罔知自检,各处昏然,淮扬尤甚,使愚民尤而效之,其弊不可胜言。”

明中期始,江南女性服饰可谓变化万千。明代顾起元《客座赘语》载:“留都妇女衣饰,在三十年前犹十余年一变。迩年以来,不及二三岁,而首髻之大小高低,衣袂之宽狭修短,花钿之样式,渲染之颜色,鬒发之饰,履綦之工,无不变易。当其时,众以为妍;及变,而向之所妍未有见之不掩口者。……然变易既多,措办弥广,人家物力,大半销耗。……”[①] 文中描写的即为南京女性服饰变化状况。

明李乐《见闻杂记》卷十载有反对服饰奢华的言语,虽属社会一部分人的态度,但也从侧面描述了明中后期的男女服饰奢

① (明)顾起元:《客座赘语》卷九“服饰”,上海古籍出版社编《明代笔记小说大观》,上海古籍出版社,2005年,第1422—1423页。

华现象:“厌常喜新,去朴从艳,天下第一不好事。此在富贵人中之家,且犹不可,况下此而贱役长年,分止布衣食蔬者乎?余乡二三百里内,自丁酉至丁未年,若辈皆好穿丝绸湘罗,且色染大类妇人。余每见惊心骇目,必叹曰:‘此乱象也。’……熟闻二十年来,东南郡邑,凡生员读书人家有力者,尽为女人红紫之服,外披内衣,姑不论也。余对湖州太守陈公(幼学)曰:‘近日老朽改得古诗一首。’太守曰:愿闻。余曰:‘昨日到城廊,归来泪满襟,遍身女衣者,尽是读书人。’”

明中晚期江南的奢侈之风除了表现在服饰上,还表现在餐饮、戏曲、婚姻、民宅、宗祠、园亭、出行等诸多方面。江南社会风尚表现出的奢华、放荡对时人着装及整个封建王朝有着深远影响。江南服饰的风格变化是商品经济繁盛所产生的必然结果。冲击着自然经济及封建礼教,同时,又进一步刺激了商品经济的进一步再发展。时人的思想越来越开放,封建礼教观念正在接受挑战。江南奢侈之风是社会经济快速发展所呈现出的一种现象,促进了资本主义萌芽和商品经济的发展,要知道,营利、市易、奢侈正是资本主义发展中不可或缺的前提条件。该事物是具有两面性的,其消极作用也很明显,奢侈风气使人们对金钱的占有欲望越来越强烈,虚荣心不断扩张,使得赌博之风、游乐狎妓之风盛行。总之,奢靡之风对江南文化的影响既具有积极因素,也具有消极的一面。

明中晚期江南服饰的豪奢之风对全国各地都产生了影响,且具有一定的延续性。民国余怀《板桥杂记》载“南曲衣裳装束,四方取以为式……为世人所模仿”。可见,其影响范围之广。在其发展过程中,如清乾隆年间,奢侈之风就曾被强行禁止,还制定了多条风俗禁约、法律规定,从而进行压制,使得清代中后期江南的奢侈之风逐渐消失,但这一服饰现象给世人所留下的印象却是根深蒂固的，仅靠强行的朝廷打压似乎也抹不去人们思想上的意识。

（三）商品经济繁盛之影响

江南之地，历经先秦、秦汉、魏晋南北朝各代的蚕桑、织造、刺绣等产业的发展，唐宋时期的江南有“茧税鱼盐，衣食丰天下”及“天下赋税，江南居十九”之说。南宋后，有“苏湖熟，天下足”之说。可见，江南经历代积淀，物质积累丰厚，经济呈现发达盛况。明代经济思想家陆楫《蒹葭堂杂著摘抄》云：“……今天下财富在吴越，吴越之奢，莫盛于苏杭之民，有不耕寸土而口食膏粱，不操一杼而身衣文绣者……”可见，明代的豪奢之风其实主要集中在富庶的江南之地。

明中晚期，江南重要市镇，如苏州、杭州、南京、常州、镇江、嘉兴、湖州等商品经济发展迅速，物质财富丰厚，巨商富贾云集，豪奢之风盛行。如本章第一节就谈到了明中叶徽商对江南棉织业及丝织业的垄断，徽商涉足的领域还有盐业等，富足导致豪奢，他们挥金如土，从而带动消费趋向，“朴质务俭”已经被“奢靡斗富”所取替。首先表现在服饰上。不少人“盛宫室，美衣服，侈饮食，饰舆马仆从及诸摊钱戏”。

江南的经济繁盛，引领了当时的社会风尚，江南市镇民间在衣食住行各方面都有所体现，尽显豪奢之风，服饰之变化一改明初之简朴，面料上追求绫罗绸缎，纹样上追求绮罗锦绣，颜色上追求艳丽华贵，款式上追求新颖怪异，女子首饰崇尚金银。乾隆《元和县志》卷十《风俗》载：“一衣值二三十金。”清钱思元《吴门补乘》卷一载：镯环“必珍珠宝石，以贵为美，以多为胜”。

可以这样认为，江南商品经济的繁荣昌盛，是其服饰上出现冲击等级尊卑及清规戒律的主要原因。而奢侈之风的盛行也对商品经济的发展起到了促进作用。巨商富贾的享受及消费观念促进了各个行业的就业渠道，导致为数不少的农村人口流向城市谋求职业。从另一角度剖析，职业需求的增加，同时又促进了商品经济的发展，商品经济的发展使得各行业分工更加精细，当时各行业都出现了一大批技术高超的工匠。而社会各阶层对手工艺追求新奇和精美，反过来又刺激了工匠不断更新和突破技艺。江南手工业迅速发展起来，表现最为突出的当然要属丝织、服饰、珠宝、茶艺等。

单从服饰发展的角度分析，商人为追求更高利润，积极竞争，为了吸引顾客，不断分析顾客喜好，分析市场需求，甚至很多铺面也装饰得非常华丽，雕红刻翠，锦窗绣户；另外，货源丰富，在苏州就出现了一大批著名服装类店号，囊括帽饰、香饰、织补、绸缎等。

三、明朝"机户出资，机工出力"的资本主义生产关系萌芽

明朝中叶，资本主义萌芽首选在江南代表性城市苏州出现，这一生产关系的出现存在着必然性，即适应了当时新的经济形势。

公元1368年，朱元璋在南京称帝。由于元代末年朝廷对百姓的盘剥，国力衰退。明太祖朱元璋采取了一系列的为恢复、发展农业生产的积极措施：下令农民开荒种田植桑，并归农民己有，还免除了农民三年的徭役和赋税，这一举措成效显著，大大促进了农民的生产积极性。明朝廷大力兴修水利，大兴屯田，推广经济作物桑、麻、棉等的种植。明初采取的一系列积极措施，使得明初农业生产恢复迅速，并继续发展。

明初开始，农业生产在江南，尤其是蚕桑业的不断提升，对手工业的发展创造了条件。手工业者的生产积极性由于社会的认可度及经济效益得到提高。至明朝中期时，冶铁业、制瓷业、

纺织业等都超越了前代。这些都与服装的发展有着直接的关联,对服装的发展起到了促进作用。

从对外贸易上看,明成祖派遣郑和下"西洋",这一举措促进了中国与"西洋"各国的交流与合作。

明朝中、后期,江南地区许多城镇表现出商品经济的繁荣昌盛,与之同时出现的是资本主义生产关系的萌芽,此时,集中在三十多座较大城市的一批专业生产基地表现尤为突出。在江南,丝织业非常发达的苏州最为典型。在苏州,经济雄厚的机户设立手工工场,由于手工工场的岗位繁多,不得不雇佣诸多机工完成生产。这一生产关系——"机户出资,机工出力",即为资本主义性质的生产关系。这是一种新型的生产关系,打破了中国两千多年的封建社会生产关系。这一生产关系的确立也标志着一个新的时代的到来。

由于经济的繁荣,带动了文化的兴盛。这一时期名家辈出,文化勃兴。社会上受到这种新经济形势的影响,使得时人的消费观念也发生了历史性的改变,表现在衣、食、住、行的方方面面。衣饰上追求争奇斗艳、弃旧逐新的风格。

第三节　明清织染及服饰的异彩纷呈

一、寸锦寸金之特种衣料

清政府在江宁(南京)、苏州、杭州设三大织造局,直接监督其丝绸生产。三大织造局承担着为朝廷提供四季所需的大量特种衣料的重任,如绫罗绸缎、锦绣刻丝等。这些特种衣料,要求格外苛刻,纹样设计多由北京如意馆工师完成,三大织造局要按照设计图样进行工艺加工,并按照定量、定时完成,并由专差运往京城。故宫博物院档案馆就收藏有相关多种图样及档案。

《苏州织造局志》载：某一上用特种衣料限定完成的具体时间，详细的某种丝料染色计价单，以若干万条计织金、明金价格，以若干钮计捻金价格，工艺之复杂，价格之昂贵简直到了登峰造极的程度。特种衣料中最具有代表性的要属皇室极致衣装——寸锦寸金之云锦服饰。

（一）云锦之概述

云锦起源于南京，因“灿若云霞”而得名，可以用花团锦簇、霞光异彩、富丽堂皇、金碧辉煌、熠熠生辉、高贵典雅等美妙词汇来形容它，均不为过。南京云锦被誉为“东方瑰宝”、“江南一绝”。它吸收了中国历代织锦之长而成长起来，可以代表中国丝织的巅峰水准。现代美术教育家陈之佛先生曾感叹：“南京云锦是中国古代丝织工艺最后一座里程碑。”

关于南京云锦起源于何时，学术界众说不一，但大多数学者认为“始于宋末元初，盛于明清”。元、明、清三朝江南地区因蚕桑资源的丰富、执政者对蚕桑丝绸业的足够重视、文化经济的发达、水陆交通的便利、能工巧匠的卓越而成为中国丝织业的核心区域，集以上优势，南京云锦日趋兴盛。

元、明、清三朝各民族之间交往频繁，蒙古族、藏族、维吾尔族、满族等同胞对南京云锦也充分肯定，且喜爱至极。据相关史料记载，在清代乾隆、嘉庆年间，南京云锦的生产规模和技艺达到巅峰状态。据统计，南京全城拥有织机3万余台，南京城机杼声日夜不停、比户相闻。约3万人以织造及相关产业为生。可见当时南京经济的繁荣及织造业的鼎盛。

南京云锦集中国历代丝织技艺之长，被公认为中国古代三大名锦（南京云锦、四川蜀锦、苏州宋锦）之首。元、明、清时期，南京云锦均被指定为专供皇帝御用及皇室贡品，皇室及百官所用南京云锦不仅限于所着袍服，还涉及其生活用品，如炕垫、椅垫、

图4-18 清朝宫廷画家、意大利人郎世宁绘制的《哨鹿图》局部（其中乾隆皇帝用的是云锦箭箙，故宫博物院收藏①）

帷幕等。清朝宫廷画家、意大利人郎世宁绘制的《哨鹿图》（现收藏于故宫博物院），其中乾隆皇帝用的箭箙即为云锦所制。

南京在元、明、清时期均设有官营织造机构，元朝设置了"东西织染局"，《至大金陵新志·古迹》载："……乾道七年（1171）建，在府城正北隅来苏坊西门大街，今为西织染局……在青溪南、秦淮北，侍郎蔡宽夫宅旧址也，今为东织染局。"明朝在南京设置了专门织造上用缎匹的"内织染局"（亦称南局）、"神帛堂"、"供应机房"。《明史》卷八十二"食货志六"载："明制，两京织染，内外皆置局。内局以应上供，外局以备公用。南京有神帛堂、供应机房，苏、杭等府亦各有织染局，岁造有定数。"清朝设置了江宁织造局。康熙皇帝曾六此南浔，有五次到南京江

① 原载于黄能馥主编《中国南京云锦》，南京出版社，2003年。

宁织造局驻跸行宫，留诗《织造处阅机房》："终岁勤劳匹练成，千丝一剪截纵横。此观不为云章巧，欲俭骄奢赌未萌。"官办的织造局在南京的设置，督造了大量云锦以供皇室享用，同时也推动了南京云锦技艺创新和发展，并走向繁盛以至达到中国古代丝织工艺技术的顶峰。

作为提花织物，不同于刺绣，锦料上的各种美丽花纹，均以织造而成。云锦织造前需要在纸上绘制出设计纹样，这是第一步。第二步最为重要，即挑花艺人根据设计纹样根据实际尺寸和经纬密度，运用"挑花结本"技艺，以经纬线编为"花本"。然后由提花工、织造工两人配合在传统大花楼木质提花机（长5.6米，高4米，宽1.4米）上进行织造。两名熟练工匠配合，一天的工作量也仅为约5厘米长的云锦。明代科学家宋应星《天工开物》载："凡工匠结花本者，心计最精巧。画师先画何等花色于纸上，结本者以丝线随画量变，算计分寸杪忽而结成之。张悬花楼之上，即结者不知成何花色，穿综带经，随其尺寸、度数提起衢脚，梭过之后居然花现。盖绫绢以浮经而现花，纱罗以纠纬而现花。绫绢一梭一提，纱罗来梭提，往梭不提。天孙机杼，人巧备矣。"①南京云锦种类丰富，如："团花"居多，作为衣料用的"库缎"、以真金或真银线织造的"织金"、多彩纬提花织物"织锦"及"妆花"等。其中"妆花"技艺最为繁琐和精湛。明末清初著名诗人吴梅村《望江南》词曰："江南好，机杼夺天工。孔雀妆花云锦烂，冰蚕吐风雾绡空，新样小团龙。"表达了诗人对江南丝绸锦绣的赞叹之情。清代书画家郑板桥《长干里》诗云"缫丝织绣家家事，金凤银龙贡天子"，描写的即为清朝南京织锦业盛况。

① （明）宋应星著、潘吉星译注：《天工开物译注》，上海古籍出版社，1992年，第256页。

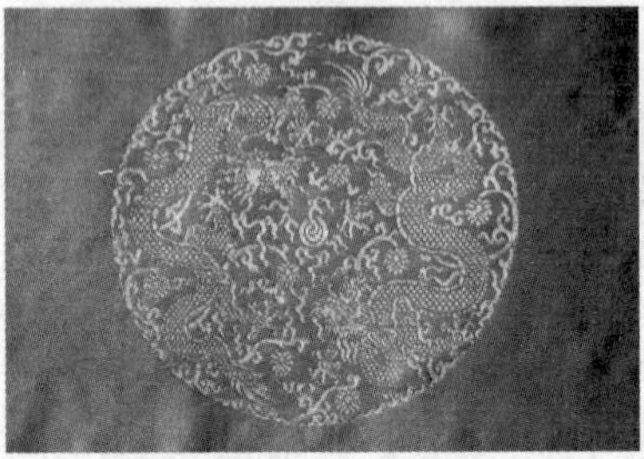

图4-19 清绿地二则团龙织成袍料正面（左）、背面（右）（南京云锦研究所有限公司提供）

图4-20 博物馆织造展示（南京云锦研究所有限公司提供）

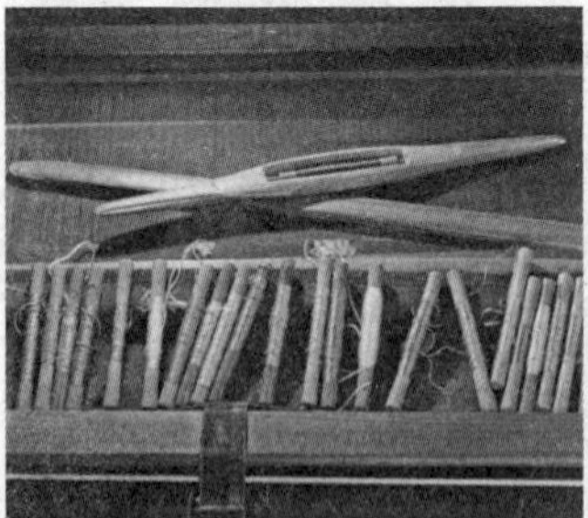

图4-21 云锦彩色纬线和梭子（左图）及各色丝线（右图）（南京云锦研究所有限公司提供）

图4-22　云锦郭俊大师在整理花本(南京云锦研究所有限公司提供)

图4-23　周双喜大师[①]在正行云锦织造(南京云锦研究所有限公司提供)

图4-24　挑花结本(左),绘制云锦意匠纸(右)(南京云锦研究所有限公司提供)

---

① 国家级非物质文化遗产代表性传承人。

图4-25 宝蓝地“吉庆双鱼”织金妆花缎（南京云锦研究所有限公司提供）

图4-26 黄地凤莲纹妆花缎（南京云锦研究所有限公司提供）

（二）云锦服饰考

1. 服饰实物

据目前南京云锦的出土文物，首先可考大明万历皇帝龙袍，这件龙袍代表了南京云锦的最高工艺水平。1958年，北京十三陵定陵的明万历皇帝朱翊钧陵墓出土的皇帝龙袍，锦料虽已腐朽碳化，但令人瞠目的是，衣身上的每条龙纹依然金光闪闪，而且间或闪烁着五彩光芒。这就是南京云锦的织造材料中的真金线和孔雀羽毛。2007年底，南京云锦研究所终于复制成功了这件龙袍，即"红缂丝十二章福寿如意衮服"。所用捻金线长8.1公里，孔雀翠羽长400米。团龙12个，福字279个，寿字256个，301只蝙蝠，271个如意纹。该复制衮服所用大量真金线令人瞠目，其手工制作真金线之绝技也给南京云锦增添了更多的技术含量和神秘色彩，即经过3万次捶打金箔而得线，与蚕丝相互缠绕、加捻而成"圆金线"，织造锦上花纹所用①。南京云锦中的另外一种代表性用线为孔雀羽毛缠绕在蚕丝上，上述明朝万历衮服复制品中的12个团龙，其翠绿色龙身也是由孔雀翠羽织造而成。

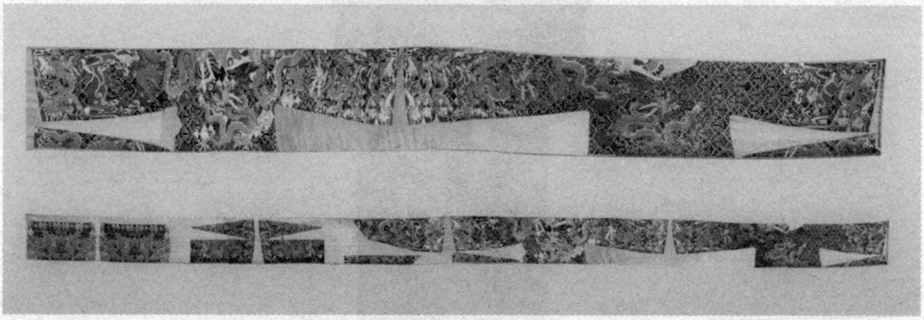

图4-27　明万历五梭缎龙袍料复制品（南京云锦研究所有限公司提供）

① 《龙袍复原记》,《人文天下》。

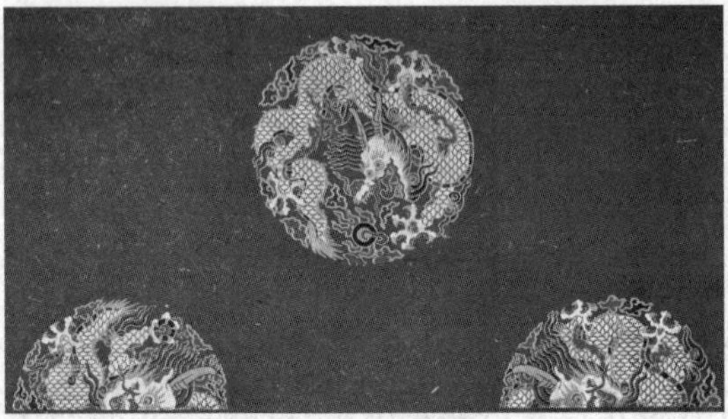

图4-28 明十二团龙袍料复制品(局部)(南京云锦研究所有限公司提供)

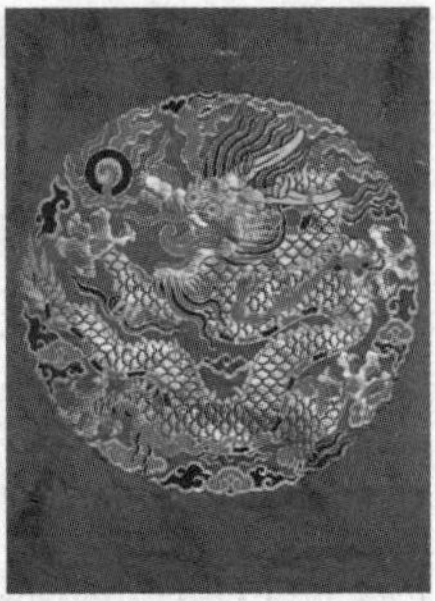

图4-29 明大红云纹地十二团龙妆花缎袍料复制品(局部,南京云锦研究所有限公司提供)

清皇家海军北洋水师提督丁汝昌所穿礼仪铠甲(军戎礼服)——飞鱼纹织金战袍原件虽破损严重,但极其珍贵,由丁汝昌后人捐赠给中国军事博物馆。1987年南京云锦研究所成功复制了这件战袍,历经了三年时间。

图4-30 清丁汝昌飞鱼纹织金战袍复制品(南京云锦研究所有限公司提供)

图4-31　清绿地红缠枝宝仙花纹闪缎（南京云锦研究所有限公司提供）

梳理南京云锦服饰的出土文物，除了上段中，即1958年出土于北京十三陵定陵的龙袍外，还有很多典型性代表实物。如1958年，与定陵龙袍同时出土的还有男女衣着匹料170余种，锦缎织料很多为整卷摆放，其上附黄色封签，诸多锦缎标明南京织造“织金”、“妆花”。1980年，在南京市东郊明魏国公徐达五世孙俌墓中出土的“本色暗花缎麒麟补服”、苏州市明代吏部尚书王锡爵墓出土的“斗牛补服”和“穿枝四合云花纱”等。历史上较大一副云锦是慈禧太后墓里出土的一件云锦佗罗尼被，宽1.44米，长2.17米[①]。

从1958年北京明十三陵定陵地下宫殿出土的南京云锦服饰及袍料文物（北京明十三陵博物馆收藏）来看，有三件实物最有代表性，第一件为明红地八宝纹织金罗裙，裙长101厘米，下摆426厘米，腰肥148厘米；第二件为明绿织金缠枝莲妆花纱绣“天鹿万寿”纹方领女夹衣，身长71厘米，两袖通长168厘米；第三件为明绿四合如意云纹地织金妆花十团龙绸袍料，匹长1 814厘米，外幅

图4-32　明红地八宝纹织金罗裙（北京明十三陵博物馆收藏[②]）

① 金文：《南京云锦》，江苏人民出版社，2009年。
② 原载于黄能馥主编《中国南京云锦》，南京出版社，2003年。

图4-33 明绿织金缠枝莲妆花纱绣“天鹿万寿”纹方领女夹衣（北京明十三陵博物馆收藏[①]）

图4-34 明绿四合如意云纹地织金妆花十团龙绸袍料（北京明十三陵博物馆收藏[②]）

图4-35 清琉球王龙袍（南京云锦研究所有限公司提供）

宽67厘米，内幅宽65厘米[③]。另外，故宫博物院收藏有多件清代朝袍、吉服袍、龙褂、常服袍、戏衣、小坎肩等，更为直观地为云锦服饰的研究提供了实物参考。

南京云锦研究所曾复制过一件作为外交高级馈赠品的云锦龙袍，是根据清政府赠送给古代日本琉球王的云锦龙袍原件

① 原载于黄能馥主编《中国南京云锦》，南京出版社，2003年。
② 原载于黄能馥主编《中国南京云锦》，南京出版社，2003年。
③ 黄能馥主编：《中国南京云锦》，南京出版社，2003年。

复制而成的。该复制龙袍现收藏于南京云锦研究所。虽为复制品，但仍金光闪耀，不失气势磅礴之势。

另外，写实绘画的留存亦可得以充分体现南京云锦服饰发展的辉煌成果，仅以故宫博物院收藏品为例，就有穿龙袍戴善冠的明嘉靖帝（1522—1566）画像、清人绘制的康熙皇帝朝服像、清人绘制的康熙皇帝的皇后孝诚像、清意大利画家郎世宁绘乾隆皇帝南苑阅兵的《大阅铠甲骑马像》、清人绘制的雍正皇帝像、清人绘制的乾隆皇帝像、清人绘制的乾隆皇帝的皇后孝贤像。

图4-36 穿龙袍戴善冠的明嘉靖帝画像（故宫博物院收藏[①]）

图4-37 清人绘制的康熙皇帝朝服像（故宫博物院收藏[②]）

① 原载于黄能馥主编《中国南京云锦》，南京出版社，2003年。
② 原载于黄能馥主编《中国南京云锦》，南京出版社，2003年。

图4-38 清人绘制的康熙皇帝的皇后孝诚像（故宫博物院收藏[1]）

图4-39 清意大利画家郎世宁绘乾隆皇帝南苑阅兵的《大阅铠甲骑马像》（故宫博物院收藏[2]）

① 原载于黄能馥主编《中国南京云锦》，南京出版社，2003年。
② 原载于黄能馥主编《中国南京云锦》，南京出版社，2003年。

图4-40　清人绘制的雍正皇帝朝服像（故宫博物院收藏①）

图4-41　清人绘制的乾隆皇帝朝服像（故宫博物院收藏②）

① 原载于黄能馥主编《中国南京云锦》，南京出版社，2003年。

② 原载于黄能馥主编《中国南京云锦》，南京出版社，2003年。

图4-42 清人绘制的乾隆皇帝的皇后孝贤像(故宫博物院收藏[①])

以上南京云锦服饰实物，足可证明南京云锦在明、清两代发展得欣欣向荣及取得的辉煌成果。

2. 官服补子

在中国服饰史中，明清两代官员胸前、背后装饰补子是一大特色。也是南京云锦的特色品种。

补子起源于武则天时，曾赐文武官员袍绣对狮、麒麟、对虎、豹、鹰、雁等真实动物或神禽瑞兽纹饰，此举导致了明清官服上补子的风行[②]。

明朝官服衣身右衽，上缝缀补子，用以区分文官、武官，官阶等级。文官绣禽，武官绣兽。1966年苏州虎丘出土了一件云纹缎官服，前胸后背各缀龙纹缂丝补子一块，为服饰史的研究提供了实物依据。明代文官补子纹样依次为：一品为仙鹤，二品为锦鸡，三品为孔雀，四品为云雁，五品为白鹇，六品为鹭鸶，七品为鸂鶒，八品为黄鹂，九品为鹌鹑，杂职为练雀(鹊)，法官为獬豸。明代武官补子纹样依次为：一品二品为狮子，三品为虎，四品为豹，五品为熊罴，六品七品为彪，八品为犀牛，九品为海马[③]。

清代满族统治者继承了官服补子习俗，但纹样略有不同，且衣身前片为对襟中开，导致前片补子分为两块对接而成。清

① 原载于黄能馥主编《中国南京云锦》，南京出版社，2003年。
② 华梅：《中国服装史》，中国纺织出版社，2007年，第48页。
③ 华梅：《中国服装史》，中国纺织出版社，2007年，第86页。

图4-43　明武官官补（南京云锦研究所有限公司提供）

图4-44　清文官官补（南京云锦研究所有限公司提供）

代文官补子纹样依次为：一品为仙鹤，二品为锦鸡，三品为孔雀，四品为云雁，五品为白鹇，六品为鹭鸶，七品为鸂鶒，八品为鹌鹑，九品为练雀。清代武官补子纹样依次为：一品为麒麟，二品为狮，三品为豹，四品为虎，五品为熊，六品为彪，七品八品为犀牛，九品为海马[①]。

清乾隆三年（1738）来中国的法国人Jean Denis Attiret（1702—1768），中文名王致诚绘制的乾隆皇帝《万树园赐宴图》中（纵221.2厘米，横419.6厘米，绢地，北京故宫博物院收藏）细

① 华梅：《中国服装史》，中国纺织出版社，2007年，第102页。

图4-45 清缂丝龙袍（南京博物院提供）

图4-46 清紫红绣金龙男袍（南京博物院提供）

腻描绘了在承德避暑山庄万树园的盛大宴会，乾隆皇帝接见归顺的杜尔伯特部首领的场景，画面中人物形象逼真生动，其中文武大臣补服表现尤为醒目。

3. 文字描写

关于南京云锦服饰的文字考，最具代表性和权威性的是清曹雪芹巨著《红楼梦》中的人物服饰及其生活用品的描写。因为曹雪芹的曾祖父、祖父、父辈连任江宁织造官员长达65年。清代著名的江南三大织造局（江宁、苏州、杭州）几乎承办了皇室所需的所有高品质丝绸锦缎。如皇帝、帝后、王公、百官服饰、校尉驾衣、军士锦甲等，外交高级礼品，大型祭祀及大型庆典所需丝帛及装饰品等。江南三大织造局中江宁居首，主要负责大红蟒缎、大红缎匹、金拆缨等，还负责织造各种帛、诰敕、驾衣、彩绸、线罗等。曹雪芹的成长环境为其创作《红楼梦》提供了厚实的生活基础，特殊的成长环境使作者了解到云锦工艺及华美、着装政策及规范，这对小说中人物的穿着款式及搭配、面料质地及纹样、审美情愫等描写起到了非常重要的作用。只有亲身经历，才会将艺术与生活结合得如此完美，情真意切。也可以说，正是云锦、江宁织造局的点点滴滴促成了满眼皆云锦的《红楼梦》。小说中各个章节中屡有关于云锦华丽服饰的描写，细腻入微，出神入化，可真真切切地体现南京云锦昔日之辉煌壮丽。

出身豪门的凤姐儿，自然最少不了对其服饰的渲染。第三回中，凤姐儿第一次露面，其服饰形象就被描绘得栩栩如生，五彩辉煌，霸气冲天："身上穿着镂金百蝶穿花大洋缎窄褃袄，外罩五彩刻丝石青银鼠褂，下着翡翠撒花洋绉裙。"① 这里的"镂金百蝶穿花"、"大洋缎窄褃袄"、"五彩刻丝石青银鼠褂"等寥寥几笔即体现出云锦的图案及工艺特色，若作者没有对云锦的深度了解，文字不可能如此准确而生动。而第六回中，凤姐儿日常服饰形象为"桃红撒花袄，石青刻丝灰鼠披风，大红洋绉银鼠皮裙"，也同样云锦遍身。两次鲜艳、张扬的云锦服饰描写显示出凤姐儿的雍容及威严之势。

① （清）曹雪芹：《红楼梦》，人民文学出版社，1996年。

贾宝玉的服饰形象在小说中多次提及，并每次不同，变幻无穷，具有很强的代表性和说服力。贾宝玉在林黛玉的打量中闪亮登场："穿一件二色金百蝶穿花大红箭袖，束着五彩丝攒花结长穗宫绦，外罩石青起花八团倭缎排穗褂；登着青缎粉底小朝靴。"第十九回中，贾宝玉服饰形象为："当下宝玉穿着大红金蟒狐腋箭袖，外罩石青貂裘排穗褂。"第五十二回"晴雯病补雀金裘"说的就是以孔雀羽织进衣物的故事。可见，贾宝玉服饰之昂贵与精良，文字描写即有让人炫目之感，流光溢彩的富贵感跃然纸上。

第十四回中，北郡王水溶服饰形象为"……江牙海水五爪坐龙白蟒袍"。

小说中除了对人物云锦服饰形象的多处描写，对日用品中的云锦也描写入微。涉及坐褥、枕头、靠垫、被子等，如第三回中，作者对王夫人居室的描写："临窗大炕上铺着猩红洋罽，正面设着大红金线蟒靠背，石青金线蟒引枕，秋香色金线蟒大条褥。"另外，第五十六回中，提及了甄家进献的礼单"上用的妆缎蟒缎、上用杂色缎、各色缎、官绸、各色缎纱绸绫"。

《红楼梦》中对云锦服饰的描写还有很多，由于篇幅所限，不一一列举，以上引用足以考证南京云锦的寸锦寸金，华贵惊艳，同时也体现出江宁织造局的辉煌成就。

二、服饰流行及衣料发展

（一）仿效秦淮

如上所述，明代中叶始，素有"鱼米之乡"美称的江南地区出现了资本主义萌芽。在江南，除了稻米、棉花、蚕桑业繁盛，除此之外，江南的手工业也格外发达。苏州在明代中叶呈现出的"郡城之东，皆习机业"即为最为典型的例证。曹太守《吴县城图说》中载:“苏城……民不置田亩,而聚货招商,阛阓之间,望如锦绣,丰筵华服,竞侈相高。”张翰《松窗梦语》中载:“自金陵而下控故吴之墟,东引松常,中为姑苏,其民利渔稻之饶,极人工之巧,服饰器具,足以炫人心目,而志于富侈者争趋效之。”①苏州手工业的繁荣昌盛自然带动了周边市镇,甚至辐射到整个江南地区。服饰业得到前所未有的发展,一时间,服饰的面料、颜色、纹样以江南为尚。以往四方服饰仿效京都的局面被扭转,北方服饰开始仿效南方,尤其以秦淮为盛。

江南三大织造局每年生产数量惊人的大批量绸缎纱罗及服饰供应给朝廷及全国各地,甚至国外。不仅仅限于服饰,其他丝织品如床榻、帐褥、靠枕、坐垫、桌几、书画装裱等,处处体现花纹之雅丽、色调之清新。显然,宫廷文化受到江南艺术风格之影响及渗透。

(二)衣料发展

明末清初所受到的战乱破坏并没有对江南农业及手工业生产造成过多的影响,不但恢复迅速,还得到了一定的发展。

1. 丝绸品种的丰富多彩

仅以苏州丝绸品种为例,可以说非常丰富。上贡所用绢需要特殊机杼,宽至二丈,五彩缤纷。锦包括宝相、海马、云鹤等。罗包括花、素、刀罗、河西罗等。绸包括线绸、丝绸、绵绸、绫机绸、杜织绸、纹绸、绉绸、捺绸、春绸等。秋罗有遍地锦。绉纱包括花绉纱、素绉纱。绡包括生绡、熟绡。加金技艺运用已相当成熟,包括满地金、浑金等,以片金或捻金工艺加入。织银技艺也被广泛使用,银线十分精细,如发丝般。丝绸之上的刺绣技艺也随之向精致入微发展,更加提升了丝绸的传神之美。

---

① 张翰:《松窗梦语》卷四《商贾纪》,第120页。

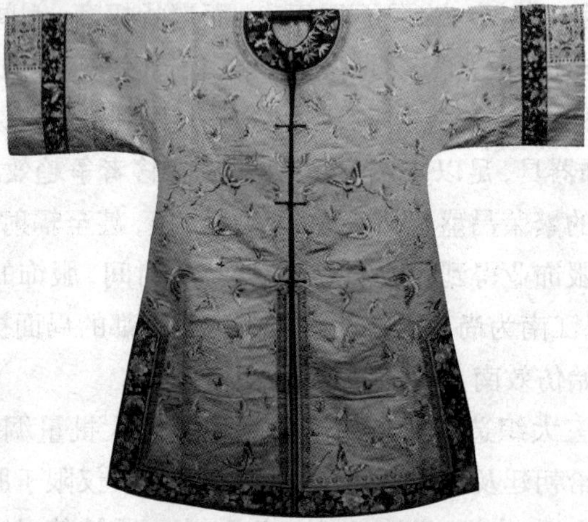

图4-47 清绿缎绣蝶女衣(南京博物院提供)

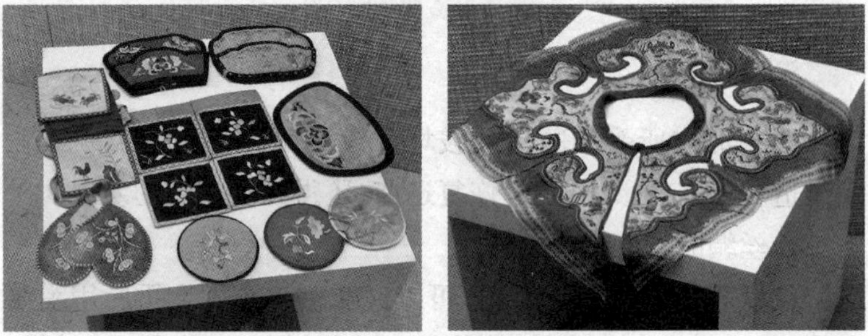

图4-48 丝绸刺绣佩件及云肩(上海纺织服饰博物馆收藏,刘文摄)

2. 棉布技艺的精彩绝伦

《古今图画集成·松江府部》载,松江以棉、蓝而远近闻名,蓝有青秧、蕲青、淮青等多个品种。皇帝汗衣用的就是松江织造的三梭布。

药斑布:颜色为青白相间,呈现人物、花鸟、诗词等样式;刮白布:以苎麻为原料,莹白细腻,有罗縠的细柔魅力;飞花布、娘子布:细软、精微;刷绒:为彩绒,以胶刷成花朵;刮绒:将彩线劈得极薄，依所需纹样贴在地子上；弹墨：以吹管喷五色于素绢，交错而呈现肌理效果，形如花鸟；木棉布：最宽的面幅达三尺有余；紫花布：颜色呈赭石，色调淡雅；云布：以丝棉交织而成，色有赭黄、大红、紫等，纹样有龙凤、斗牛、麒麟等；剪绒花毯：以棉线织经，彩色毛绒织纬，剪出花样奇巧纷呈。除此之外，棉布上的绣花技艺也丰富多彩。

3. 出神入化的染织效果

李斗《扬州画舫录》卷一称："江南染房，盛于苏州。扬州染色，以小东门街戴家为最。如红有淮安红、桃红、银红、靠红、粉红、肉红。紫有大紫、玫瑰紫、茄花紫。白有漂白、月白。黄有嫩黄、杏黄、江黄、蛾黄。青有红青、金青、元青、合青、虾青、沔阳青、佛头青、太师青、小缸青。绿有官绿、油绿、葡萄绿、蘋婆绿、葱根绿、鹦哥绿。蓝有潮蓝、睢蓝、翠蓝、雀头三蓝。黄黑色则曰茶褐。深黄赤色有驼茸，深青紫色曰古铜，紫黑色曰火薰，白绿色曰馀白，浅红白色曰出炉银，浅黄白色曰密合，深紫绿色曰藕合，红多黑少曰红综，黑多红少曰黑综（二者皆紫类），紫绿色曰枯灰，浅者曰硃墨。外此如茄花、兰花、栗色、绒色，其类不一。"①《古今图书集成·苏州府部》载，在苏州，知名度最高的染作均集中在娄门外维亭。

如上引文所述，颜色丰富多彩，却都依附于绫罗绸缎布匹之上，得到时人的追捧，服饰上的色彩鲜艳引领了当时的审美风格，在工艺美术上，以瓷器和漆器表现最为突出，如景德镇各种单色釉瓷器、福建彩色漆器等，在审美和工艺方面都推陈出新，风格迥然。

---

① （清）李斗撰，汪北平、涂雨公点校：《扬州画舫录》卷一，中华书局，1997年，第30页。

前文中曾介绍《红楼梦》中的少许服饰形象，体现的是清初丝绸锦缎及特种外来纺织品色彩艳丽的面料在服饰、佩饰、生活用品上的应用。大部分都还可在故宫博物院藏品中找寻，且保存完好。

嘉、道年间，纺织品的织造技艺再度创新，服饰面料非常精美昂贵。如沉香葛，是用纯植物纤维织造而成。五彩提花天鹅绒，是用丝或鹅茸织造而成，面料的正反两面呈现花纹迥异的鸳鸯缎及以樱桃红、竹青、宝蓝各色提花而成。天鹅绒面料上的图案取材于吉祥纹样——树梅、丛兰、岁寒三友、牡丹、玉兰等。丝绒中美到极致的要属织有"绮霞馆造"字样的鼠灰金鱼、粉绿色皮球花等衣料。南京宁绸也颇具盛名，手感厚实紧密，被指定做官服外套、马褂用料。

三、从万商云集的《姑苏繁华图》看江南服饰现象

（一）丝棉之繁华

从透视形式上看，清写实画卷《姑苏繁华图》（即《盛世滋生图》）运用了散点式，展现给观者全景式画卷，整幅画卷对姑苏城的格局进行了完整的展示。全面而直接地呈现了江南代表性城市苏州的人文景观，可见其商业之兴旺，万商之云集、服饰之华丽、交通之便利。

画卷作者徐扬即为苏州人，生于乾隆二十四年，对苏州城非常了解，且情感深厚。画卷跋文记"其间城池之峻险，廨署之森罗，山川之秀丽，以及渔樵上下，耕织纷纭；商贾云屯，市廛鳞列，为东南一都会"。画卷中绘制内容广泛而细致，人物描绘多达12 000有余，深入刻画的商铺约260家，涉及的商品琳琅满目，如面料（棉布、丝绸等）、服饰（主服、履冠、金银首饰等），还有玉器加工等手工业作坊，由于水运的发达，商铺中还不乏西洋货物。

图4-49　《姑苏繁华图》(局部)中锦绣绸庄、染坊、各类布行等沿街集中路段

在《姑苏繁华图》中，清晰可见的最具代表性的商业范围为丝织业、棉纺业、成衣业、鞋帽佩饰业等。整幅画卷中丝绸店铺共计14家，棉布店铺共计22家。店铺地点均为临水的繁华地段及中心街镇，各家都具有一定规模，有的二层楼房，有的门

图4-50 《姑苏繁华图》中手工织造、印染等场景

面达六七间。可见，苏州丝棉业的繁荣及资本的雄厚。而据明清时期的历史文献记载可知，朝廷所需服饰等用料，如龙袍、官服、宫绸、宫花等，大都来源于苏州。清廷还专门在苏州设立了苏州织造局，内务府特派官员亲自管理。除却宫廷所需之外，姑苏城的丝绸、棉布店多为批发商铺，“产量大，质量佳”，有“丝绸之乡”的美誉。全国各地的商客络绎不绝地云集苏州。这与画卷上熙熙攘攘的过往人流及来往交错的众多商船相互印证。细观画卷上销售的丝织品及棉织品，其种类繁多。店铺招牌涉及丝绸的有：宁绸、湖绉、杭绸、濮院绸、沂水茧绸、汉府八丝、山东茧绸等；而涉及棉布的有：松江标布、京口梭布、崇明大布、芜湖梭布等。可见，苏州在明清之时确为全国丝织品、棉织品的集散中心。

另外，清朝历代皇帝所提倡的“男耕女织”在《姑苏繁华

图4-51　《姑苏繁华图》中染坊晾晒染布场景

图》中得以生动描绘。清初地方志有载："农暇之时，所出布匹，日以万计，以织助耕，女红有力焉。"《姑苏繁华图》中主要绘制了如下生产场景：在木架上整理织物、在木轴上打卷、整理纱线、裁剪面料、染坊劳作各环节、整理纱锭等。画卷中非常突出的景致还有三处染坊，其门口高悬晾晒的各色丝绸布匹，气势壮观。据相关文献记载，乾隆年间，在姑苏城内，由于染坊众多，对这座江南水乡的水环境造成污染，政府出台政策，对苏州城的水污染进行了一定的管理。

（二）服饰之特色

清初，满族统治者令汉族人“剃发易服”。“京城内外限旬日，直隶各省地方，自部文所到之日，亦限旬日，尽行剃发。”而汉族人秉承传统礼仪，“宁可断头，绝不剃发”，对此进行了长期的斗争。后来形成了不成文的“十从十不从”条例，多涉及服饰，包括男从女不从，生从死不从，阳从阴不从，官从隶不从，老从少不从，儒从而释道不从，娼从而优伶不从，仕宦从而婚姻不从，国号从而官号不从，役税从而语言文字不从。“从”即随满俗，“不从”则是保留汉俗[①]。《姑苏繁华图》中所绘人物形象可归纳姑苏城中时人着装特色，这一特色跟当时的服饰条例完全吻合。

1. 男子官服及民服特色

清太宗皇太极语：“若废骑射，宽衣大袖，待他人割肉而后食，与尚左手之人何以异耻！朕发此言，实为子孙万世之计也。在朕身岂有变更之理，恐后世子孙忘旧制，废骑射以效汉人俗，故常切此虚耳。”至乾隆时，仍依循先帝对服饰的旨意。乾隆曾云：“朕每攻读圣谟，不胜欣懔感慕……我朝满洲先正之遗风，自当永远遵循……”后又有谕“衣冠必不可以轻易改易”。综上所述，清统治三百余年，男子服饰基本遵循满族风俗而长期存在。

从《姑苏繁华图》中可见，姑苏城中男子着装类别可归纳为袍、褂、袄、衫、裤。汉服中的宽衣大袖、绸带系腰等特色已经改为窄袖筒身及盘扣系之。

因满族为典型的游牧民族，故在其服饰中多体现出游牧性及动物性特色。如袍、袄多开衩结构，目的是为了满足骑

① 华梅：《中国服装史》，中国纺织出版社，2007年，第100页。

马的动作需求。同样受游牧生活影响，男子服饰附件或服饰品名称也多体现出游牧性特色。如开衩大袍又曰“箭衣”，袖口很有特色，具有翻折功能，初为骑马射箭时御寒之用，称为“箭袖”，又因其形状与马蹄相似，故有“马蹄袖”之称。满人入关后，行礼前必须将袖口放下，再跪地行礼。状如被驯服的动物，以喻“顺从”和“尊敬”，该动作名为“打哇哈”。清代服式一般无领，穿礼服时需加一硬领，即“领衣”，其状如牛舌头，故有“牛舌头”之称。民服腰间束带，挂件丰富，如钱袋、荷包、扇套、小刀、眼镜盒等，这是最为典型的游牧特色。从《姑苏繁华图》中可见，姑苏男子已经完全不着裙，而是普遍穿裤。官员和士庶着长裤，体力劳动者为便于劳作，在腰腕或膝下收口，呈灯笼状。至于鞋子，《姑苏繁华图》中可见，公服着靴，便服着鞋。而诸多朝廷官员头上均戴有红色冠帽，因季节不同称“暖帽”或“凉帽”。除了冠顶不同材质的朝珠区分等级外，帽子后方均插有孔雀翎，翎眼个数也是区分等级的重要标志，不可僭越。而士庶头戴瓜皮帽，体力劳动者头戴粘帽或斗笠。

如上所述，无论是“箭衣”、“马蹄袖”、“打哇哈”、“牛舌头”、“孔雀翎”及腰间挂各式物件、靴履等都具有一定的游牧性和动物性特色，这与满族人的游牧生活有着直接的关联，也成为清代男子服装的特色之一。

另外，值得一提的是官服上的补子，这一特色并非源于满族风俗。早在武则天时，曾赐文武官员袍绣对狮、麒麟、对虎、豹、鹰、雁等真实动物或神禽瑞兽。至明朝时，官服风行补子，以区分文武及等级，清代沿用。因旗袍前身中间是开衩的，所以清代官服的前身补子是两片的，成为特色。

最后，重点分析清代男子的辫发。这一服饰形象在《姑苏繁华图》中清晰可见。

清初，统治者强迫全国汉人一改传统“束发挽髻”①之俗，取而代之的是“剃发蓄辫”②之满俗。“剃头蓄辫”成为清政府的基本国策和统治象征之一。与之并行的还有“易服”规定，即“衣冠悉遵本朝制度”。

“剃发蓄辫”最初为女真人习俗，1636年清太宗皇太极将“女真”改称“满族”。女真人之所以有此习俗源于其长期林中狩猎的生活方式，为了避免狩猎时头发被树枝牵扯，故剃掉大部分头发，仅留脑后小手指粗的一小缕长发，编成辫子垂于后背，此造型曾遭到汉人的嘲讽。女真首领努尔哈赤曾在占领辽东地区后，强迫被占领区的汉人随女真形象——剃发蓄辫。

1644年清兵入关后，满人推翻明朝，清统治者在1645年颁布剃发令。此令内容为“京城内外限旬日，直隶各省地方，自部文所到之日，亦限旬日，尽行剃发”。并强调：“仍存明制，不随本朝之制度者，杀无赦。”即所谓的“留头不留发”和“留发不留头”。儒家经典《孝经》载“身体发肤，受之父母，不敢毁伤，孝之始也”。这是中国汉族人自古受到儒家思想的长期影响的结果，故而汉人“宁可断头，绝不剃发”，产生了为了头发而损失几十万甚至百万人的生命的悲壮历史。南京被清军占领后，剃发令迅速传达至江南地区的苏州、常熟、太仓、昆山、嘉定等地，江南地区由于文化及经济较为发达，故激发出来的民族意识也较为激烈。江南人民非常英勇地反抗清政府的野蛮残酷镇压。清廷伴随着“剃发令”所实施的是残酷的大屠杀，仅以

---

① 束发挽髻：中国汉族男子通常是满头留发（吴越断发等案例除外），挽起成髻。

② 剃发蓄辫：满族男子通常将头部的前半部分剃光，后半部仅剃底边少许，未剃到的头发将留长，梳成大辫子。

江南为例,常熟“沿塘树木,人头悬累累,皆全发乡民也”,“扬州十日”,“嘉定三屠”,太仓缙绅被骗后强令剃发,个个掩面痛哭,不得已而为之。江阴人民反剃发斗争,抵御清兵八十多天,杀死清兵七万有余,但被屠杀者达十七万多等就是血淋淋的例证。当时,有一西方人目睹江南人民抗清,他这样评论:“辫发胡服之新制,大招汉人之反感,彼等对于满清政府,群起反抗,汉人以为受此强制辫发胡服,较诸处于任何异族之缴号为耻辱,曩者为保守头颅柔顺如羊之汉人,今则因保守其发而奋起如虎。若当时江南诸王能一致奋起,不生内讧,则满人能否统一中国,尚属疑问。”

江南及全国各地民众反对清廷的剃发斗争,实际上是维护自身尊严和传统文化的体现。即便最终还是以清廷的胜利而告终,被迫剃了头的汉人也在无声地进行抗争,直至清中期终于可以看得出,剃头的面积显然减少了很多,男人的辫子较清初粗了很多。

2. 满汉共融之女子服饰

如上所述清代形成的不成文的“十从十不从”条例中的“男从女不从”,与服饰关系密切,也体现出时人的着装风格。清初,满汉女子多保持各自着装形制。但在乾嘉之后,满族女子开始仿效汉服,且形成潮流。

《姑苏繁华图》中手工织造、印染等场景中多处描绘女子形象,其服饰多与明代末年相同。劳作女子着便服——背子、比甲、裤子者颇多。背子出现在宋代,为汉族女子典型服饰,以直领对襟为主,前襟不施襻纽,袖有宽窄两式,衣长有齐膝、膝上、过膝、齐裙至足踝几种,长度不一。另在左右腋下开长衩,好像是辽服因素,也有不开侧衩的。宋时,上至皇后贵妃,下至奴婢侍从、优伶乐人及男子燕居都喜欢穿用,这种衣服随身合体又典雅大方[①]。到了明代,汉女背子用途更为广泛,形式与宋相似,清代沿用。而比甲,本为蒙古族服式,北方游牧民族女子喜好加以金绣,罩在衫袄以外。后传至中原,汉族女子也多穿用。明代中叶着比甲成风,样式主要似背子无袖,多为对襟,比后代马甲又长,一般齐裙[②]。《姑苏繁华图》中劳作女子因上衣长,故裤子在衣下仅露一截。另外,云肩在汉族女子服饰中较为普及,云肩形状似如意,披在肩上。早见于唐吴道子《送字天王图》、金代《文姬归汉图》等。明代民间女子用作礼服,清初汉族女子依然沿用,但穿着场合为行礼或结婚,故《姑苏繁华图》中没有体现。但需要提及的是,到光绪末年,江南妇女低髻垂肩,为了防止衣服油污,云肩被广大妇女所用。关于发饰,江南女子常在发髻上横插一把精致的木梳,区别于北方女子的发髻银簪。又因气候温润,江南女子没有戴帽习惯。

可见,清代女服的确未从满俗。至清代,仍然沿用明末服饰。值得强调的是缠足习俗亦然,汉族女子除了供驱使的丫头不在缠足之列,几乎全民缠足,不可遏制。

关于汉族女子的缠足习俗,元代陶宗仪《南村辍耕录》卷十载,五代南唐后主的嫔妃窅娘开始以帛缠足,时人有《金莲步》诗云:"金陵佳丽不虚传,浦浦荷花水上仙。未会与民同乐意,却于宫里看金陵。"缠足之风历经宋代程朱理学的催生,使得"白练轻轻裹,金莲步步移"。元统治者对汉族女子的缠足陋习持赞赏态度,明代缠足之风达到了兴盛。而清代汉族女性的缠足之风在清政府的严厉及多次的压制下,不但没有被制止,相反,在清朝盛行,甚至达到了登峰造极的程度。

① 华梅:《中国服装史》,中国纺织出版社,2007年,第71页。
② 华梅:《中国服装史》,中国纺织出版社,2007年,第91页。

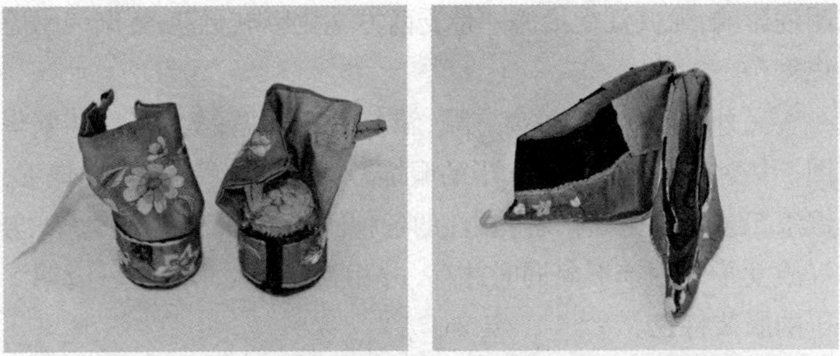

图4-52　三寸金莲足跟及勾尖鞋(江南大学民间服饰传习馆提供)

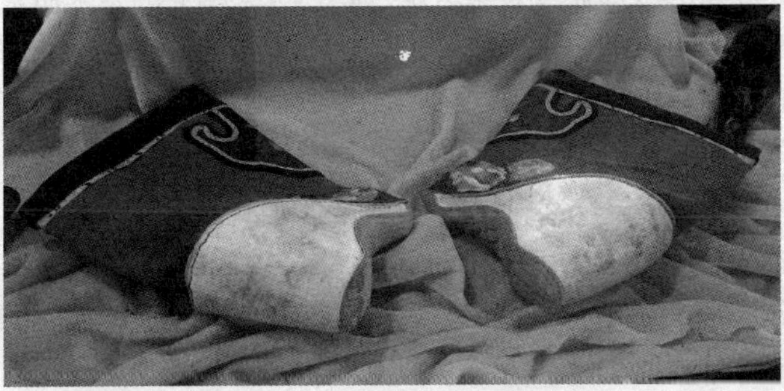

图4-53　清末三寸金莲(奉化蒋氏故里收藏,刘文摄)

在清代,甚至还出现了一种汉族女子,因为脚太小而无法行走,进进出出都要有专人抱着的“抱小姐”,而且这样的女子在当时还倍受欢迎。正是由于“抱小姐”的存在,使得三寸金莲的造型不断推陈出新,如仿造满族女子的花盆底,在足部中间加以非常小的花盆底,已经没有任何实用功能了。又如,抬高足跟部高度,有独立的足跟造型出现,如4-52中左图所示,另外,到清末,受到西方文化的影响,有近似现代高跟鞋的造型出现,如图4-53所示。

在中国,缠足之风流行了千年之久,最终受外来文化和文明的影响，尤其江南沿海一带受西方文化影响更甚，逐渐淡出历史舞台。

另外，由于江南远离京城，满族女子少见，故在《姑苏繁华图》中少有体现。满族女子的服饰遵循本民族特色，如两把头、镶滚工艺之旗袍、体现游牧性的各种佩饰及饰品、花盆底等，与汉族女子的服饰形象同时并存，并相互交融。形成这一时期女子的服装特色。

（三）四方重吴服

苏州的服饰业因其丝织业、棉织业、染踹业的繁荣而繁荣，并倍受瞩目。明清之时有“四方重吴服”之盛况。苏州成为全国服饰流行中心，在服饰纹样、款式变化上都居全国之首。有文献载，苏州本土品牌众多，且在全国具有一定的影响力，如“张汉祥帽子”、“三珠堂扇袋”、“锦芳斋荷包”、“朱可文香饰”等。《姑苏繁华图》中绘有“三进斋”，这是远近闻名的服饰名店。“三进斋”专为清代官员、贵族提供服饰、帽饰、鞋靴等。其朝靴品质尤佳，据传，乾隆皇帝的朝靴就有该店的。其名“三进斋”也为乾隆皇帝所赏赐。又因“三进”有“连升三级”之寓意，故三进斋的服饰品，尤其是朝靴成为其全国客户群的首选。《姑苏繁华图》中所绘的三进斋店不仅一家，而是两家，店面均大方宽敞，柜台上摆放最多的当属朝靴。其地理位置均为黄金地段，分别为藩台衙门外、怀胥桥边。可见其生意之红火。

《姑苏繁华图》中，服饰店、服饰品及服饰配件店非常繁多。当时，最具名气的成衣店如原营衣庄、大茂号衣庄等。普通成衣店更是分布广泛，数量惊人。另外，《姑苏繁华图》中还绘制了很多服饰品及服饰配件店，经营的商品丰富多彩，如帽子、扇子、首饰、配饰等。可见，苏州服饰经济在整个经济形态中地位显赫，占据主要地位。

江南的商业发达，商贾官宦云集而来，高消费群体庞大，其消费需求带动了服饰的豪奢之风。《苏州府志·风俗》附录《汤文正公抚吴告谕》载："衣食之原，在于勤俭，三吴风尚浮华，不安本分，胥吏屠沽，倡优下贱，无不戴貂衣绣，炫丽矜奇。"《苏州府志·风俗》附录《陈文恭公风俗条约》载苏州女子："身着绮罗绸缎，头戴金银首饰，已云华美。何乃衣裙必绣锦织金，钗环必珍珠宝石，以贵为美，以多为胜。"苏州才子冯梦龙在《警世通言·宋小官团圆破毡笠》中描写宋敦服饰形象"一件新联就的洁白湖绸道袍"，发髻之上"约有二钱之重"的银簪。综上所述，可知吴服风格之浮华及奢靡。此时，苏州成为全国的流行中心，形成了"四方重吴服"，"吴服奢靡为天下最"之盛况。

第四节　太平天国等级分明的服饰制度

清末，中国处于被动的半独立、不统一状态。这是清廷对外屈辱妥协、对内欺压百姓的必然结果。中国人民已经无法继续忍受帝国主义、封建主义的双重压迫，农民起义频发。而由洪秀全领导的太平天国革命，将中国的农民战争推向了顶峰。他们颁布了反封建的政治纲领《天朝田亩制度》及发展资本主义的政治纲领《资政新篇》。在思想上，太平天国与儒家经典背道而驰，持批判之态度。在服饰上，式样及色彩重新规划，作为农民起义军，第一次拥有了严苛、独特的服饰制度及服饰形象特色。

太平天国对各级官员的主服及冠履做了详细的规定，体现出鲜明的等级性特征，如下面所述。另外，佩饰也不能僭越等级，要等级分明，即“检点以上方准代金条脱[①]，其余惟准带银镯、银指环。然银镯分两亦有轻重，如军帅以下不得过五两，旅帅以下不得过四两”。

一、主服特征及制度

主服，指遮覆身体躯干、四肢部位的衣服，不包括遮覆头部的首服、遮覆足部的足服、遮覆手部的手服、遮覆耳部的耳衣及化妆、随件、佩饰。

服饰在朝代更迭中起着非常重要的标识作用。太平天国的服饰制度，首先表现在对抗清廷，对清代服饰进行了彻底颠覆，如“衣无领，无马蹄袖”，将清廷官员之服“随地抛弃”，“往来践踏”，太平军还常将搜来的财主士绅的长袍剪短而成短衣。为了突出唐宋明时期的汉族服装特色，以区分满族服饰，作战之时干脆穿起了传统戏装等，从服饰上体现出了强烈的革命性。可以说，太平天国的服饰具有划时代的重要意义，在整个中国服饰史中也占有一定地位。

太平天国定都天京（今南京）后，还建立了“绣锦营”、“典衣衙”，制定了非常详细的官服等级制度，其服饰制度体现出一定的封建皇权意识。具体规定如下：黄缎袍限于诸王至丞相所穿，素黄袍仅限于检点所穿，素红袍限于指挥至两司马所穿。依汉族传统，公认龙袍不可随意僭越穿着，除天王可穿龙袍之外，其他高级官员必须根据具体场合穿着适合自己品级的龙袍，低级官员根本没有穿龙袍的资格。诸王袍上依次绣龙数量为九条、八条、七条、六条，其服用者分别明确为天王、东王、北王、翼王，而袍上绣龙五条，其服用者为燕王和豫王，袍上绣龙四条，

① 条脱：即手镯。

其服用者为侯至丞相。另对马褂做了明确规定：黄马褂的穿着者职位为监军以上，职位在军帅以下的则着红马褂，职位高低以金龙、牡丹等图案加以区分。诸王黄马褂上绣团龙，数量亦有限制，天王为九团龙，东王为八团龙，北、翼、燕、豫各王为四团龙，侯至指挥为两团龙。将军至监军所着黄马褂不绣团龙，而绣牡丹二团，前后各一。而军帅至旅帅所着红马褂亦不绣团龙，前后各绣牡丹二团，前面一团标注衔号。卒长、两司马所着红马褂是不绣花的，马褂前后均刷印衔号。然而上述繁琐的服饰制度，受到战事及经济条件的影响及限制，在太平天国中的下层官员中普遍未能实施。

太平天国服饰规定多依《周礼》，遵循五行四神说。但太平天国高级将领所着龙袍或龙褂上的龙的形象却与以往不同。因为，洪秀全在发动起义的时候，曾借上帝之口，以"魔鬼"、"妖怪"称呼"龙"。这与其自身着龙袍形成矛盾，为了自圆其说，便将其身所着龙袍或龙褂上龙的形象进行了改造，将龙的一眼射穿，谓之"宝贝金龙"。具体到图案的表现，为一只眼圈放大，眼珠缩小[①]。

太平军士兵作战时所着主服为"号衣"，即背心。各王统下士兵号衣颜色各不相同。天王统下士兵号衣颜色为全黄，不镶缘边，东王统下士兵号衣颜色为黄色，绿色缘边，西王统下士兵号衣颜色为黄色，白色缘边，南王统下士兵号衣颜色为黄色，红色缘边，北王统下士兵号衣颜色为黄色，黑色缘边，翼王统下士兵号衣颜色为黄色，蓝色缘边。而将军以下所属士兵号衣为红色，胸前印字"太平"，身后印字"第几军圣兵"或"某衔听使"。

关于儒释道，太平天国是持排斥态度的，在主服上规定：不

① 华梅：《中国服装史》，中国纺织出版社，2007年，第109页。

图4-54 太平天国天王洪秀全龙袍（南京云锦研究所有限公司提供）

图4-55 太平天国高级官员穿着的绣龙马褂①（南京太平天国历史博物馆收藏）

准衣袈裟及羽士服。在都城天京，可见西洋人多仿效太平军着装特色，“俱穿长毛服饰”。

① 其材质及工艺为黄缎彩线绣制，纹样为团龙、牡丹、蝙蝠、流云、海水等。工艺精湛绝伦，风格高贵恢宏，体现出太平天国时期高超的刺绣技艺和手工业发展水平。

另外，太平天国在1861年颁布了《钦定士阶条例》，规定了秀士、俊士、杰士、约士、达士、武士、探花、榜眼、状元等服饰样式等内容，还制定了民间服饰细则，其中，袍子颜色分别为青、蓝、黑色，但执行时，则因地区、时期不同而存在差异。

二、冠履及佩饰特征及制度

如上节所述，清兵入关后，清朝统治者在1645年颁布剃发令，采取极端手段强迫汉人剃发留辫，这一发式形象成为归顺清朝的符号标志。

1852年，东王杨秀清在《奉天讨胡檄布四方谕》中说："夫中国有中国之形象，今满洲悉令削发，拖一长尾于后，是使中国之人变为禽兽也。中国有中国之衣冠，今满洲另置顶戴，胡衣猴冠，坏先代之服冕，是使中国之人忘其根本也。"此谕说明太平天国对清朝发饰的强烈不满，认为剃发留辫是"强加给人民的奴隶标记"，自然与"剃发令"背道而驰。于是，太平军统一蓄发，这一发式形象成为反对清朝的符号标志。太平军平日"以巾蒙首，不戴小帽"，并令民间蓄发易服，禁止戴帽，规定民间包蓝布巾。与清廷"剃发令"一样残酷的是，凡遇剪发者，或剃须刮面者，均被视为不脱妖气，是需被斩首的。还特别规定，清代官员所着"纱帽雉翎一概不用"。关于儒释道也有明确规定，"出令沙汰僧道优婆尼，勒令还俗，秃子蓄发，不准黄冠"。

（一）太平军的发式特征

将丝绒编结而成为较长的绦子，以扎住发根，并挽成髻，为了增加发髻体积，还将剩余的绦子一并盘在髻上，发髻饱满而结实，与清朝剃发蓄辫发式形成鲜明对比。关于绦子所用丝绒颜色，十分讲究，带有一定的阶级性，形成了制度，不可逾越。如五彩丝绒编结而成的绦子仅限将军以上使用，红绿丝绒编结而成的绦子为将军以下使用，仅红辫线为无职位的短发者使用，而无职位的长发者则挽髻插簪，或网巾、披发。另外，除了绦子所用颜色及有无的严格规定外，对包头巾的颜色及长短也做了详细的规定，用以区分新老及尊卑：“兵及新虏之人皆扎红巾，伪官与老长发则包黄巾，旅师以下黄布巾，以上黄绸巾。拖长一寸，官大一级。”

太平军的发饰被多地广泛效仿，如“辫红履朱，诩诩自得”，“镇人尽小帽无结，发系红绳，皆蓄发矣”。

（二）太平军的冠履制度

冠帽制度在太平天国建都天京后得到了进一步升华，东王杨秀清起到了重要作用，他向天王禀奏“万国来朝之候，太平一统之时，须明定制度章程，以壮天父之威风”，强烈建议制定冠帽制度。

在东王杨秀清的建议下，太平军冠帽制度得以完善。其冠帽制度如下：太平军将领的冠帽分为角帽、风帽、凉帽三种。虽然，太平天国官员中，对龙袍的限定严苛，但诸多官员的朝帽上缀有龙纹。其中各王的角帽又被称为“金冠”，以纸骨为料，雕琢龙凤，装饰金箔，冠前立有花绣冠额，形状为扇面，金字王号居中设置。金冠上雕刻的不同数量的龙凤及其他图案，用以区分职位高低。其中，双龙双凤为天王金冠装饰，双龙单凤为东、北、翼王金冠装饰，以上三王的冠额图案有异。太平军官员的角帽又被称为“朝帽”，亦为纸骨贴金工艺，冠额居中列职衔。而关于风帽和凉帽，诸王风帽色为全黄，侯至两司马风帽为色红加黄边，其中，黄边宽窄不同，代表的是官职高低有异。作战之时的士兵冠帽为竹盔。

关于履服制度，太平天国在定都天京后，设立了典金靴衙，将靴分色为红与黄，且以绣金龙数量区分等级，鞋底的用料、厚薄也成为区分职位高低的标志。黄缎靴为天王、东王、北王所着，依次绣金龙九条、七条、五条。素黄靴为翼、燕、豫所着，红靴为侯至指挥所着，黑靴为将军至两司马所着。平头薄底红鞋为士兵打仗所着，黄鞋为官职者、广西老兵所着。另太平军士兵多习惯赤足，有“爱跣足，虽袍帽骑马亦然”的记载。另据相关史料记载，太平军“贼目时穿厚底，余皆薄底，或穿草鞋，或赤足”。太平军入常熟时，“詈本土绅士为妖，凡诰命旗匾尽行拆毁，靴冠袍套斥为妖装，搜得科罚”[①]。

三、妇女服饰

太平天国定都天京后，妇女服饰亦显示出鲜明的等级性，主要体现在服饰图案的不同上。如“贼渠伪王娘衣多绣月于中为补子，伪正宫绣双凤，副宫单凤，有月照四海、月照五湖、月照凉亭、月照水阁等名色”[②]。女子主服为紧身阔下摆长袍，为了便于劳作及作战之需，下摆开衩，内穿阔腿裤，禁止穿裙。领型为圆领。腰间扎系一条红绸或绿绸，袄、袍等边缘镶宽边饰。

太平军男子将领冠服中的角帽和凉帽在女官冠服中没有被应用，女官多以绸缎扎额，冬天佩戴风帽，夏天佩戴空顶露发髻的绣花纱罗围帽。女官的金银饰品较为绚烂。

自从南唐后主李煜的嫔妃窅娘以帛缠足后，缠足之风至五代兴起，历代不衰，明清尤盛，中国妇女的缠足陋习持续了千年之久，严重残害了中国封建时期女性的身体及心理健康。太平天国明令女子不许缠足，着布鞋，甚至有赤足者，出现了“皆大脚蛮婆……皆赤足泥腿”、“弓鞋罗袜教抛却……”的现象。这一提倡为女性身体及人格解放提供了前提。

① 《避难记略》——《极乐·诱惑》第二部分。
② 张汝南：《太平天国》第四册，第714页。

第五章　民国
——中西交融

第一节　政治背景与服饰技艺

1911年10月10日，湖北武昌爆发了具有划时代意义的辛亥革命，中国进入了新的历史时期，摧毁了封建帝国最后一个王朝——清朝政府的统治，创立了中华民国。

一场鲜活的服饰变革在西洋文化的冲击下走上历史舞台，这不仅取决于朝代的更替，也充分体现出受西方文化冲击而产生的必然结果。辛亥革命终于结束了清代近三百年的辫发陋习，满族的烦琐衣冠也被取替，妇女的缠足陋习也被逐渐取消。民国时期，地处沿海地区的江南，受西方思潮影响较内陆大。民国时期的江南服饰在面料、款式、裁剪、工艺等方面都体现了中西文化的交融。而植根于文化及思想上的交流、碰撞而形成的服饰现象必然会产生开放、新鲜、辉煌的硕果。江南服饰发生了巨大的变化。

民国初年，政权被袁世凯及各派军阀窃取，军阀混战的十年给中国近代史涂抹上黑暗的色彩。然1916年至1919年，伟大的民主主义者孙中山先生的中山装、蔡锷将军的英姿戎装、张勋的戏剧性“辫子军”等都给世人留下了深刻的印象。

1919年的“五四”运动结束了中国近代史进程，掀起了中国现代史的道路，新思想解除了封建的桎梏，服饰也为之变动，男女青年学生的服饰受到西方文化的影响。简约干练的学生装、新潮袄裙意气风发，展现出中国青年热血沸腾的爱国情。1919年至1929年，中国处于军阀混战局面。这一时期，中山装、改良旗袍、中西合璧的服饰造型以及中国共产党人的朴实着装等同时出现在历史舞台上。1929年至1939年，中华民族面临生死抉择，中国人民齐心抗战。民众服饰的简朴与个别经济“繁华”敌占区的着装形成鲜明对比。1939年至1949年，中国人民经历了战火硝烟，江南发达的缫丝业、丝绸业、棉纺业等无数次遭到日军铁蹄侵毁，“军服”是战乱时代最为普遍的着装。

民国服饰在中国服饰史上地位显赫，充分体现了近代服饰大变革特点。服饰是文化的载体，民国时期中国人民所经历的变乱、交融、战争，都可以从服饰的变化中找到痕迹，江南地处沿海地区，尤其是上海，接受西方讯息更为便捷，故民国服饰在中国服饰史及江南服饰史中都可以说是一个非常重要的时期。其最突出的贡献在于：走出了中国传统服饰观念，且吸收了西方服饰文化后蜕变而成。民国时期，中国人的穿着观念及着装形式发生了前所未有的改变，走出了封闭，进入了一个全新的开放时代。中国人的着装理念不再是单纯地继承本国传统，而是吸收西洋时尚特色，走上了国际时尚化道路。

民国时期的江南城市文化呈现明显的都市色彩，其中服饰是最具代表性及外显性的文化载体。“鸦片战争”使得中西文化得以正面接触和交融。江南代表性城市苏州、松江、杭州、嘉兴、湖州等在经济及文化上处于先进地位，充分吸收了外国资本主义文明及先进的生产技术，形成了以上海为中心的江南地方文化，亦成为具有代表性的中国近代文化。上海被称为"东方巴黎"、"十里洋场"、"亚洲的时尚中心"。民国时期，这里居住着数目可观的西洋人，这座城市受西方文化影响非常浓重，服饰承载了这一特定历史时期的文化特征。

一、纺织及蚕桑业的繁盛与衰退

人类服饰文化学专家华梅教授在其专著《中国近现代服装史》中强调："要想分析一个国家、一个时期的服装水平，不能脱离面料的表现力与技术水平，而面料水平的高低直接取决于纺织业。作为服装的上游行业，纺织业负责为其提供原材料，纺织业的技术进步能够促进服装业的发展。"

甲午战争后至民国初期，工商业，尤其是轻工业持续发展。其中纺织业的发展是最快的。这一时期，在纺织工业领域，主要集中于棉纺织、缫丝等，江南地区纺织业发展较为迅速的城市有上海、无锡、南通等沿海地区或通商口岸。以下数据及案例表明，江南的纺织业在这一时期居于全国重要地位。当时，全国共设立棉纺织厂86家，仅上海就设立了26家，江南重要城市苏州、无锡、常州、杭州、南通、宁波等开设了25家[①]。这一时期，在江南建立了诸多在全国具有一定影响力的纱厂。如1895年，张謇创办南通大生纱厂，至1922年，大生纱厂已经发展成为大生纺织集团，包括一厂、二厂、三厂。其纱锭总数占全国纱锭总数的6.91%[②]；1896年，杨宗濂与杨宗瀚创办无锡业勤纱厂、严信厚创办宁波通久源纱厂；1897年，陆润庠创办苏州苏纶纱厂、庞元济创办杭州通益公纱厂；1898年，朱幼鸿创办上海裕通纱厂；

---

① 据杜恂诚《民族资本主义与旧中国政府》"附录"统计。

② 张宪文等:《中华民国史》第一卷，南京大学出版社，2005年。

1907年，徐祥林创办上海振华纱厂等[①]。

江南自古以来自然条件优越，气候温和湿润、江南运河四通八达，这样两个方面造就了蚕桑养殖及丝业经济的繁盛。江南核心城市上海的开埠更是给南浔等江南蚕桑聚集地带来了机遇，也为江南近代早期蚕桑经济的辉煌奠定了基础。特别值得一提的是，民初时期，江南蚕桑名镇——南浔一年的丝业财源总额竟然与清政府一年的财政收入持平，理所当然地成为当时中国市镇经济的龙头，同时，也充分体现出中国早期资本主义市场经济特色[②]。蚕桑科技在当时也受到业内人士的充分重视，如1918年，在无锡成立了育蚕试验所，还在江阴、溧阳设立分所；同年，中国蚕业研究试验所在无锡东北塘设立[③]。

民国时期，在江南，以上海为首，杭州、嘉兴、湖州、苏州、无锡等缫丝企业遍地开花。其中大型缫丝企业具有一定的影响力。如1918年，无锡薛家经营了5家丝厂，其丝车数量占据了整个无锡丝车数量的56.26%，占据了无锡、上海丝厂丝车数量的8.1%；至抗战前夕，薛家丝厂已经发展成为兴业制丝集团，其丝车数量占据无锡丝车数量的42.16%，占据无锡、上海丝厂丝车数量的24.83%，生丝产量占据无锡生丝总产量的60%[④]。

1928年，中央政府的税收主要依赖江苏、浙江两省[⑤]。抗战前，中国工业主要聚集在以上海为核心的江南沿海市镇。据1937年统计数据显示，在全国合乎《工厂法》规定标准的工厂

① 张宪文等：《中华民国史》第一卷，南京大学出版社，2005年。

② 徐江涛：《追问南浔现象》——读《南浔现象——晚晴民国江南市镇变迁研究》：《中国出版》。

③ 张宪文等：《中华民国史》第一卷，南京大学出版社，2005年。

④ 张宪文等：《中华民国史》第一卷，南京大学出版社，2005年。

⑤ 中国第二历史档案馆编《中华民国史档案资料汇编》第5辑，第1编“财政经济”(1)。

共有3 935家，而江苏、浙江、上海的工厂数量就达到2 336家（经济支柱主要为纺织工业），占全国工厂总数的59.4%[①]。

1931年，“九·一八”事变导致日本全面侵华，使得中国及江南民族工业不断遭受到强烈重创。以旧中国的“棉纱大王”荣氏兄弟为例，从1915年创办申新纺织公司到1922年的4个纱厂，再发展到1931年的9个纱厂，呈逐年增长态势。但由于日本的侵华战争，尤其是1932年爆发的第一次淞沪抗战，使其损失惨重。1934年6月，申新资产总值为6 800万余元，但负债却已达6 300万余元[②]。

抗战期间，日寇铁蹄除了对中国及江南民族工业进行大规模摧残外，亦对江南富饶的蚕桑之地进行了无数次践踏，不但大大降低了蚕桑产量，且对当时的丝绸企业进行了大规模的摧毁和破坏。江南蚕桑业由于战争的侵扰，陷入了低谷。

民国祝廷锡编《竹里诗萃续编》卷七引《蚕丝新乐府》：“……新丝贱，新丝贱……市价时时变，昨朝东邻卖丝归，叶钱不足还典衣。今日西邻抱丝出，但望市门多买客。自从贼退后，丝值连岁昂，去年稍贱，今年更失势，一落千丈，强不卖，其如逋负何！卖去仍苦无钱多，君不见新丝贱。”

1927年由湖州钮氏家族花巨资兴办的苕溪丝厂就是当年惨遭日军破坏的一例。该厂位于大麻镇海华村西南，是嘉兴境内现存的一处近现代民族工业遗址，初办时有168台意大利式缫丝车，至1929年，增加了98台，达到264台。到1933年，又增加了日本式缫丝车120台。丝厂厂基占地30多亩，当时日产丝量4 000两，折合为125千克。出口英、美、日三个国家，三分之

① 齐植璐：《抗战时期工矿内迁与官僚资本的掠夺》，《工商经济史料丛刊》第2辑，文史资料出版社1983年。

② 华梅：《中国近现代服装史》，中国纺织出版社，2008年，第119页。

一供应湖州达昌绸厂织绸。鼎盛时期有男女职工1 300余人，是一家颇具规模、设施一流的民族工业企业。初办时为铁烟窗，1933年增加日式丝车后改为砖烟窗，式样仿照日式，非常牢固。

现遗存丝厂大烟囱、水池等。丝厂遗址在村花家漾口。据史料记载：苕溪丝厂选址海华，主要原因是周围一带向来是浙北最发达的蚕区，另一个原因是花家漾口水质优秀，比重高于他处，适于缫丝。苕溪丝厂在1937年上海“八一三”抗战后，生丝出口受阻，严重影响了丝厂的生产，稍后即遭沦陷，至次年5月，因对外出口业务全面停止而停工。1941年12月，苕溪丝厂所有机器设备被日本侵略军野蛮拆除，转运回日本国内。厂房后被放火烧毁。现在丝厂旧址是一片茂密的桑林，只有一座高约30米的青砖大烟囱，烟囱底部已被挖出了两个大洞，破坏较严重。虽然历经了80多年的风雨，但烟囱残缺的身躯依然倔强地默默屹立着。据当地年长者回忆，建造这座烟囱的青砖都是嘉善干窑镇定制的，所以每块砖上都刻印着窑工的名字，可见砖头的质量相当坚固。烟囱西侧的花家漾边还留有码头的残基，附近还存有几个残缺的过滤池，厚实的水泥壁上露出锈迹斑斑的钢筋。

现存苕溪丝厂遗址无声地向我们讲述着当时嘉兴蚕桑产业的兴盛，也成为日本侵略者摧毁中国民族工业的见证。该遗址为市级文物保护单位，也是海华村独有的历史遗存，是发展观光农业、吸引城乡居民的宝贵资源[①]。

总之，抗日战争期间，江南纺织工业及蚕桑业呈现衰败局面。直至抗战后，才逐渐复苏。

---

① 按：海华村村委会提供资料及《桐乡文物》（内部交流刊物），2012年第4期，2012年8月8日出刊。

图5-1 苕溪丝厂旧址残存的烟囱及刻有窑工名字的青砖(刘文摄)

二、西洋面料的涌入

鸦片战争以后，曾有外国记者这样描述中国沿海地区通商口岸服饰的变化“所有沿海城市的较富有的阶级，有时穿着英国的上等棉布，夏季作便服代替绸缎，冬季作棉衣代替皮毛和厚缎。商号的职员、司账，店铺里站柜的伙计，穿英国布的相当普遍。英国布染色较鲜明，布面比同等的土布整洁”。

民国时期，受“西风东渐”思潮影响，西方的纺织面料大量出现在中国，并被人们迅速接受和应用，以上海为中心的江南沿海地带更具代表性。这对晚清时期普遍应用的传统服饰面料形成了鲜明的对比和冲击，晚晴时期广泛使用丝绸、棉布、毛织物与西洋纺织面料，后者更受到大众追捧，究其原由，西洋纺织面料具有花色丰富多样、美观、耐磨、轻便、抗皱性及抗勾丝性强等特色，这与丝绸等中国传统面料在物理性能上形成鲜明对比。这些西洋纺织面料，尤其是机织印花面料使民国时期的服饰风格大变。

中国封建时期女性自小被限制在闺阁之中从事“女红”技艺，《朱子家训》中强调，女子六岁就不得出闺门了。女子终身事业即为纺织、缝纫、刺绣、缫丝等，几千年来，古代妇女不出闺门,一生从事女工技艺是必须遵循的所谓“四德”之一。正如红楼梦中的宝钗“每夜做活”,黛玉“裁衣”、“绣花”,湘云刺绣扇面,莺儿结格子、编花篮,更有晴雯病补雀金裘……无论是贵族小姐还是丫鬟都能做一手好针线。民国时期,西方的机器织造面料的吸收和应用,使女子彻底摆脱了闺阁之中从事“女红”封闭狭小的生活方式,走出闺门,步入社会。

从西洋纺织面料的装饰性看,多为满花装饰,纹样丰富多彩,风格多样。中国传统纹样为对称式,但在西洋纺织面料中斜向纹样较为普遍,在视觉效果上增强了节奏感,应用在服饰上增强了服饰的生动性,使着装女性形象鲜活灵动,打破了晚清时期的着装风格。而从西洋纺织面料的工艺上看,晚清旗袍工艺多在丝绸面料上的领圈周围、袖口上端、下摆上端、门襟两侧部位刺绣,刺绣纹样为寄托美好期望的传统吉祥纹样。而西洋满花纹样面料在改良旗袍上的运用则打破了清代旗袍的工艺特色,仅需在旗袍领围、袖口、下摆、斜襟等处滚边即可,工艺方式简洁,且美观时尚,迅速被女性接收和运用。

值得强调的是,民国时期,并非因为机织印花的外来面料的到来而抛却丝绸面料的运用。民国时期的着装形式及风格更具多元性和包容性,中西交融及共存。受当时上海影响较大的苏南地区衣饰奢华,最为突出的是江苏省常熟县,高档丝绸面料在中、上阶层人士中服用普遍。绅、商、学界的男士普遍着装款式为长袍马褂、西装及学生装。面料的应用表现为长袍马褂均为绸缎,西装、学生装则为哔叽或棉布。城镇女士多着旗袍。西洋化妆品也成为中、上阶层女士及时尚男士的日常必备之物[①]。

① 中国第二历史档案馆档案:《常熟县风俗调查纲要》全宗号12,案卷号527页,目录号2。

另外，西洋机器工业的渗入，对江南手工业的发展起到了助推作用，在江南，机纱兴起前，土布业集中在松江、通海等地，具有一定的局限性。民国时期，通商口岸纷纷设立纱厂，带动了曾经并不兴盛的苏北地区的土布业的发展。江南各地农民织造土布时采用了洋纱，提高了工作效率和质量，也提升了传统土布的时尚性。江南农村织布业迅速发展起来。以上海、无锡等交通便利、纱厂发达的城镇为盛，除此之外，在江南地区的南通、靖江、海门、崇明借临近大生纱厂之利，土布业发展非常繁盛。而苏州、镇江、武进、嘉定、丹阳、松江、太仓、南汇、青浦、宜兴、金山、溧阳、句容、高淳、崇明等地，农民采购厂纱也非常方便，土布织造发展迅速。而淮阴等地则借京杭大运河之利，可顺利采办上海、无锡等地纱厂的棉纱，用以织造土布①。

三、走向成熟的红帮裁缝

（一）起源与崛起

追溯中国专业服饰工匠出现的源头，可考秦汉时期。而宁波鄞县从唐宋时期始便设有官办作场制衣，故该地制衣业兴盛，民众以裁缝为业者甚多。南宋时，明州② 成衣铺云集，城区车轿街区域最为繁盛。明朝崇祯时期，宁波鄞县裁缝就敢于外出拓展事业，甚至将店铺开到了北京。清代乾隆至道光年间，宁波鄞县裁缝又在上海、汉口等通商口岸经商③。而红帮裁缝，是宁波的符号，是一个特殊群体，该群体具有人数多、分布广、成就

---

① 实业部国际贸易局：《中国实业志》（江苏省）第2编，民光印刷公司1933年2月印行。

② 明州：唐武德四年（621），以鄮县、鄞县、句章县设鄞州，治鄮县（宁波市鄞州区鄞江镇）。武德八年（625），废鄞州。

③ 行会当时又称“公会”或“公所”。

大、影响深的特点，起源于清末民初。在中国服装史上地位显赫，其作用无法被替代。

19世纪初，宁波鄞县的一位裁缝张尚义因为遭遇海难漂泊到了日本沿海横滨。由于当时中国还处于“海禁”时期，很少能见到西洋人的身影，但在日本沿海，他经常能见到俄罗斯渔船和荷兰货轮，西洋人的西装革履给了裁缝出身且聪慧机智的张尚义职业触动。他利用为西洋客户缝补西装的过程中研究服装的结构，有一次，干脆将一件西装分片拆开，将每一裁片拓版存档。至此，西式裁剪被中国裁缝掌握。而“红帮裁缝”之名的来历，则在鸦片战争之后，中国取消了“海禁”政策，打开国门，西洋人进入中国，尤以上海居多，“西风东渐”之风迅速燃起，中国，以上海为首的城市开始流行着西洋服饰。由于懂得西服裁剪技艺的技术人员奇缺，故西洋服饰价格不菲。张尚义长子张有舜看准时机，成功在上海创业，借助于家族多年在海外积累的西洋服饰裁剪与缝纫技术及经验，使产业发展迅速。最初的顾客便是红色头发的荷兰人，而荷兰人在中国明朝起，因其袭扰，中国人称之为“红毛”，这一称谓后又泛指西欧人。为“红毛”做西服的“红帮”裁缝之名至此从上海传遍世界。

在《红帮裁缝评传》[①]（增订本）出版之前，学界普遍认同红帮裁缝的鼻祖就是张尚义。但该书根据多方考证和推理，并借助《横滨市史》、《横滨近代史辞典》、《上海与横滨》、《日本近代史纲横滨中华街》等文献资料否认了此观点。认为红帮裁缝的鼻祖不是张尚义，而是他的后人。但有一点是肯定的，

① 季学源、竺小恩、冯盈之、王以林四位学者共同编著，首次以史料考证为依据梳理了红帮的历史。

虽然红帮鼻祖不是张尚义，但却仍是张家人。张尚义的子侄在日本横滨、东京创办了多家西装店，均有史料可考。张家人最为突出的贡献及红帮的最具创新精神表现，就是"国服"中山装的实现。1905年，侨居日本横滨的张尚义的孙子张方诚一辈继承祖业，在日本服装界颇具盛名。张方诚等在日服装界的华侨裁缝得到孙中山、黄兴等革命同志的信任，他们根据孙中山、黄兴等人的关于"创制中国新服装"的构思，在技术上采用了西装造型和工艺，在款式创意上借鉴了日本学生装、士官服的设计亮点，注重文化深度的体现，充分融合了中国悠久的服饰文化传统，每个细部都考虑其代表性新文化内涵。考虑中国人的体形、气质和思想，成功设计并制作了初期的中山装，其款式为：直翻领，胸前纽扣7粒，前身口袋4个，袖口纽扣3粒。孙中山先生首先试穿，得到多方人士的认可[①]。中华民国成立后，中山装成为社会服装新时尚。红帮裁缝上海名店"荣昌祥"、"培罗蒙"等均以中山装的定制及销售为特色，并为蒋介石等政要人物定制了大批合体的中山装；新中国成立后，北京的红帮裁缝精心为中央领导同志毛泽东、刘少奇、周恩来等制作了中山装及创新式西装。

图5-2　1926年，奉化人王溆浦村人王辅庆在南京路791号开设的"王顺昌洋服店"，是南京路六大西服名店之一（宁波服装博物馆提供）

① 吕国荣主编：《宁波服装史话》，宁波出版社，1997年。

总之，中山装的设计与工艺出现，成为红帮裁缝发展历史上具有划时代意义的大事，也成为红帮裁缝崛起的标志。

（二）发展与教育

图5-3　红帮传人王宏卿（宁波服装博物馆提供）

红帮裁缝的业务并不仅限于单纯的裁剪与缝制，在服装加工业独占鳌头之后，服装经销业也闻名于世。张有舜在上海创业成功后，又在静安寺路开设了西服店，生意红火。张有舜的儿子开设的“东昌西服店”等，成为中国较早的西装经销业的名店。1902年，“荣昌祥呢绒西服号”、“裕昌祥”、“汇利”等红帮经销店相继开张，在行内具有很高知名度。1918年，仅上海黄浦区的红帮裁缝店就达46家。

而在民国时期，上海南京路中最有名的六家西服商店被称为“南六户”，分别为“荣昌祥呢绒西服号”、“荣昌祥”、“王兴昌”、“王顺泰”、“裕昌祥”、“王荣康”、“汇利”。王顺泰呢绒西服号（Wong Zung Tai Tailor Co.），位于上海（西收藏路333号）南京路791号，创设于1926年1月，初创资本法币1 200万元。专营各式西装礼服，以及出售传统服饰。奉化人王辅庆曾任该店经理。1959年，并入“荣昌祥”。王顺昌西服店：位于上海静安寺路（今南京西路），初创资本200万元。鄞县（今宁波市鄞州区）人张兴昌曾任该店经理。裕昌祥呢绒西服店（Chang Seng & Co.），奉化江口王溆浦村人王廉方创办于1915年，初创资本2 000万法币，位于上海南京路781号，有四间门面，一楼为店堂，二楼为工坊及批发间，三楼为宿舍。鼎盛时有技师工人近

图5-4 旧上海南京路西服名店“荣昌祥呢绒西服号”，业主为红帮裁缝爱国商人王才运（宁波服装博物馆提供）

图5-5 裕昌祥店（宁波服装博物馆提供）

30人，是上海著名的西服店铺，位列“南六户”。1941年后将裕昌祥交付其子王嘉植管理。“文革”中一度更名为长征服装店。王兴昌西服店：位于上海南京路807号，创设于1911年，初创资本法币1 000万。奉化人王国忠、王和兴曾任该店经理。该店选用德国进口的优质“孔士牌”马裤呢作面料，并精细制作，以做大衣而著名，一时风靡上海，是南京路六大西服名店之一，当时流行有“西装要穿培罗蒙，大衣要穿王兴昌”的说法。解放后进行公私合营，曾为钱学森同志制作归国后的第一套呢中山装。“文革”中一度改为井冈山服装店。“文革”后恢复原名，并入春秋服装店[①]。

红帮裁缝又遍布全国各地，华东在上海，华北在北京、天津，华中在汉口，东北在哈尔滨等地，纷纷建立制衣场所或经销店铺，选择的城市均为海外通商开埠之市，外籍人士众多，西洋文化渗入明显。

① 按：宁波服装博物馆李本侹老师提供。

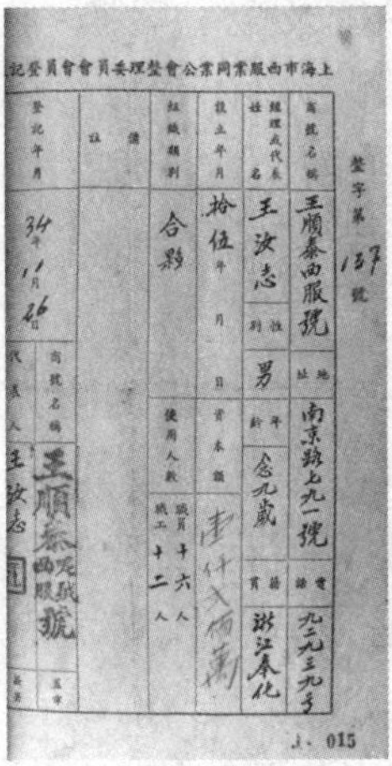

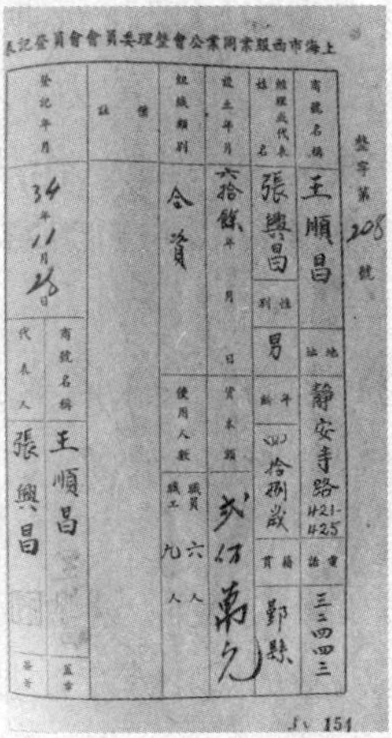

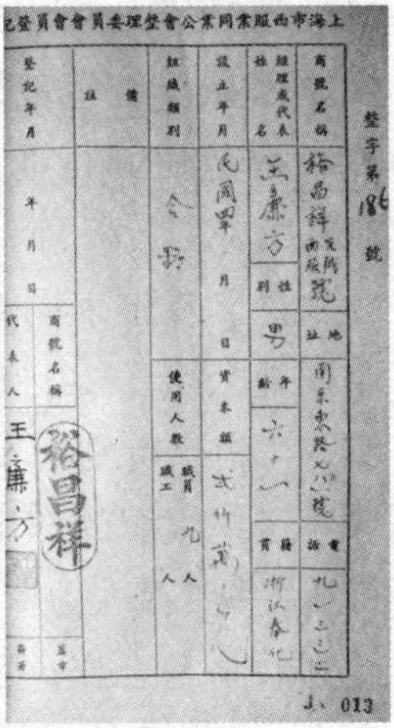

图5-6　王顺泰表（宁波服装博物馆提供）

图5-7　王顺昌表（宁波服装博物馆提供）

图5-8　裕昌祥表（宁波服装博物馆提供）

图5-9　1956年上海迁往兰州的王荣康西服店（宁波服装博物馆提供）

“红帮”之所以能成为中国现代行业品牌及金字招牌，主要原因在于红帮裁缝有一股团结的力量，靠着集体并战的精神和智慧使其行业品牌实力、地位、作用不断向前发展。他们在北京、上海、南京等地筹建的组织有“同乡会”、“同业公会”、“宁波旅京同乡会”、“宁波旅沪同乡会”、“上海成衣商业同业公会”、“上海特别市西服业同业公会”、“南京四明公所”、“南京特别市军西服业同业公会”、“南京缝纫职业工会”等。这些组织的作用有二：第一，充分利用各种行业资源促进行业发展，在人力资源、技术交流、资金流通、行业信息等方面得到共享与合作；可以更好地切磋专业技艺，通力合作，统筹安排，优化组合，互助互利，有序竞争，共同引领服装行业的时尚潮流，夯实行业竞争力；第二，维护自身合法权益及保障行业安全，红帮裁缝们并肩作战，通过以上组织共同抵御不利于行业利益及行业声誉发展的各种反面势力，并共同与帝国主义的侵略势力做斗争。因为行业组织的存在和有效发挥其作用，“红帮”品牌的影响力、知名度、社会地位得到稳步提升。

“红帮”行业的发展，除了横向业内合作，纵向延续教育在民国时期也得到了前所未有的发展，在培育继承人方面做出很大努力，而一代代继承人不但能继承“红帮”之优良传统和超凡技艺，更具有开拓进取的精神，不断创新研究和超越，不断提升红帮品牌的文化内涵。20世纪30年代，红帮教育从最开始的口耳相传发展到教材的出版与应用，最具代表性的教材是红帮第四代传人顾天云的《西服裁剪指南》，这部教材被当时的上海裁剪学院采用为主要教材，该学院是目前为止在中国发现的最早的西服培训学校。40年代，戴永甫在前人研究的基础上，以“西服中国化”为核心继续研究，编纂了适合大众阅读的《怎样学习裁剪》等科普读物，还出版了具有很强影响力的专著《服装裁剪新法——D式裁剪》。该专著在当时得到媒体很高评价:"提供了国际上从来未有过的服装结构的准确的函数关系,是目前唯一具有理论根据的科学裁剪方法。"[①]《服装裁剪新法——D式裁剪》一书提升和引领了红帮的研究境界和研究氛围,为红帮多种专著的出版及多项专利的发明奠定了学术基础。在国内多次获得各类国家级图书奖,在国外引起多个国家的行业关注,如日本、美国、挪威、新加坡等。

民国时期,红帮教育最具代表性的教育机构是20世纪40年代建立的上海裁剪学院。上海西服商业同业公会[②]筹建了自己的人才培养基地,其办学目的很明确,即弘扬红帮技艺和文化,为红帮的稳步发展保驾护航。其生源,即培养对象为同业公会的会员单位,为会员单位的职工及学徒的技艺提升起到了举足轻重的作用;教学内容以裁剪为主,为了适用社会及行业需求,陆续开设了英语、日语、会计专业。从可考资料看,该校的教学管理制度非常严谨,奖惩分明,绝不含糊。值得一提的是,上海裁剪学院奖励获奖学生,除了奖状外,其奖品是一枚戒指,戒指的打造有特定标志。如图5-12所示。总之,上海裁剪学院并非简单培训机构或夜校,其办学模式及宗旨趋于国际化。该校涌现出的优秀服装人才,如陈荣华等人为红帮技艺及文化的传承,也为中国服装业的发展做出重要的贡献。其教学效果和影响力达到了当时社会经济条件下它所能达到的极致。待抗战胜利后,上海裁剪学院的教务长顾天云等人继续为红帮服装教育奉献才华,创办了上海西服工艺职业学校,该校延续了民国时期上海裁剪学院的教学、科研经验,使红帮技艺及文化之火继续传承[③]。

① 季学源、陈万丰主编:《红帮服装史》,宁波出版社,2003年,第184—185页。
② 即红帮的分支,上海西服行业的重要力量。
③ 华梅:《中国近现代服装史》,中国纺织出版社,2008年,第157页。

图5-10 上海裁剪学院学习时的证书①及奖品(戒指)(宁波服装博物馆提供)

第二节 中西交融的多元化男装

一、剪辫运动

谈及清代男子的“辫子”，似乎是不大的服饰形象问题，却关联着清朝的建立和灭亡。即“发辫之所由来，由于满洲之入中原”，“发辫之消除，亦与满洲而俱尽”②。在清初，汉人男子被强迫随满俗——剃发蓄辫，成为满族统治的象征，在清末民初，这一服饰形象成为被讨伐的第一对象是合情合理的。因为这条辫子记载的是被征服，是血腥屠杀，是野蛮和腐朽。而去掉辫子，则代表了民主、自由、解放。

清末民初，随着清政府的统治逐步颓败，虽然政权还未结束，但新思想却已经深入到许多资产阶级革命党人及仁人志士

① 红帮裁缝后代陈家宁捐赠的奖状，内容为“学生陈荣华……在本校第七届考试成绩优良，特给此状，以示奖励”。落款是上海市西服业专门学校(隶属于上海裁剪学院)。

② 《辛亥革命前十年间时论选集》第1卷下册，三联书店，1978年。

的血液中，他们纷纷剪掉辫子，以表明自己的革命决心。1900年7月，著名学者章太炎[①]“剪辫断发”，并写了《解辫发》一文，“共和二千七百四十一年，秋七月，余年三十三岁矣。是时满洲政府不道，戕虐朝士，横挑强邻，戮使略贾，四维交攻。愤东胡之无状，汉族之不得职，陨涕涔涔，曰：‘余年已立，而犹被戎狄之服，不违咫尺，弗能剪除，余之罪也！’将荐绅束发，以复近古，日既不给，衣又不可得。于是曰：昔祁班孙、释隐玄，皆以明氏遗老，断发以殁。”[②]由于章太炎是浙江余杭人，吴越情节深厚，又云：“《春秋·穀梁传》曰：吴祝发，《汉书·严助传》曰：越剪发。余故吴越间民，去之，亦犹行古之道也，会挚友以欧罗巴衣笠至，乃急断发易服。”[③]章太炎的剪辫行动及言论引起了留日浙江籍学生及具有新思想的国内知识分子、学生和部分新军的效仿。留学生的剪辫举动对青年学生具有很强的影响，1903年，江南地区的青年学生剪去辫子的人较多，清廷并没有出面阻拦，可见其统治的衰退，但每逢科举考试，应试者还是要佩戴一条假发辫的。中华民国首任教育总长、浙江著名教育家蔡元培先生1905年在上海成立了中国公学，蔡元培的装束为西装革履，不留发辫。资政院第一届常会于1910年冬举行，会议通过了议员罗杰、周震等人提出的剪辫易服的议案，对酝酿数年的剪辫运动起到了推波助澜的作用。茅盾先生曾撰写一文《辛亥年的光头教员与剪辫运动》，文中提到：他十五岁

---

① 章太炎（1869—1936），原名学乘，字枚叔，浙江余杭人。后易名为炳麟。因反清意识浓厚，慕顾绛（顾炎武）的为人行事而改名为绛，号太炎。世人常称之为“太炎先生”。早年又号“膏兰室主人”、“刘子骏私淑弟子”等，后自认“民国遗民”。清末民初思想家，史学家，小学大师，朴学大师，国学大师，民族、民主主义革命者。著名学者，研究范围涉及小学、历史、哲学、政治、佛学、医学等，著述甚丰。

② 《九言书》“解辫发”第六十三。

③ 汤志钧编：《章太炎政论选集》，中华书局，1977年。

图5-11　章太炎剪辫断发照片[①]

图5-12　蔡元培1911年任南京临时政府教育总长照片[②]

图5-13　1912年9月，蔡元培偕夫人黄仲玉、女儿威廉和儿子柏龄赴德国学习研究[③]

① 原载于《章太炎邹容》，马勇著，团结出版社，2011年。
② 原载于《蔡元培日记》（上），王世儒编，北京大学出版社，2010年。
③ 原载于《蔡元培日记》（上），王世儒编，北京大学出版社，2010年。

时，即辛亥年暑假后转学到位于嘉兴的省立第二中学时，目睹了校长和教员们的“光头”形象。“校长是个假辫子，据说因为是校长，常常要见官府，只好‘假’将起来。但在学校中，也常常不装假辫子。英国教员之一，‘到过西洋’，自然没有辫子。体育教员大概只到过南京或上海，可是也没有辫子。两位算学教员，也没有辫子……”文中也介绍到了该校学生受到老师影响而普遍剪辫的现象。

1911年1月15日，由伍廷芳[①]发起，在上海张园举行了一场规模壮观的剪辫大会，伍廷芳虽因故未能出席会议，但他致函大会：“侍郎发辫，已于昨晨在寓所剪去。”在这场剪辫大会上，“中设高台，旁列义务剪发处，当场理发匠十数人操刀待割。其时但闻拍掌声，叫好声，剪刀声，光头人相互道贺声，剪辫者有千余人，园主叔和观察谓：‘自开园以来，未有如斯之盛况’……计两小时间，当场剪发者已得三百余人。”《中外日报》通报当时参会者有“四万余人”，而《大公报》载“赴会者车水马龙，络绎不绝，午后聚集已逾二万余人”。1911年7月8日《时报》载有一文——《上海之今昔观》，该文云：“前三年华人之剪发者尚寥若晨星，今则剧场茗寮之中触目皆是矣。”可见，上海的剪辫运动已经被越来越多的人接受，不接受的当然是不剪辫子的行为，上海此时甚至出现了以“辫子”骂人的习惯，如“你这人真是辫子！”这里的“辫子”含有极度贬义，指跟不上形势，没有作为，表达出当时的上海人对男子发辫的反感。

1911年11月4日上海光复，5日后杭州光复，之后江南各地纷纷独立，各市官员、乡绅自然积极推行剪辫运动，然而，不是所有的地区都如大部分上海民众那样已经对男人的发辫深恶痛

① 伍廷芳：前刑部侍郎、出使美秘墨古大臣。

绝，依然有为数不少的民众无法迅速接受剪辫运动，剪辫运动在全国的实施经历了一个漫长而艰难的过程。仅以江南几城镇为例，杭州临平镇，“剪辫一事大都年深日久，视属固有”。面对军政府的剪辫要求，百姓持“众皆观望”的态度①。而绍兴上虞，“自光复后，剪辫者寥寥，经民事长沈迪民君一再晓谕，该处人民终观望不剪”②。另外，据鲁迅小说《阿Q正传》介绍，虽然绍兴光复，但民众对剪辫一事并不积极，多数人将辫子盘于头顶。“几天之后，将辫子盘在顶上的逐渐增加起来了。”③嘉兴平湖新埭镇官员高子鹤对军政府的剪辫令等严格执行，却引起了民众情绪非常激动，反对呼声强烈，在嘉善县“顽民千人之众，以反对剪辫为号召，愈聚愈众。欲得高君及各绅士而置诸死地。某绅士已逃避一空，仅得捣毁高君家宅及戴高诸绅家宅，共计六家捣毁”④。在宁波，剪辫令推行起来也阻力重重，只得采取强硬措施。“六城门旁站岗巡警各执剪刀，遇见进出之人之拖辫子者，即强迫剪去。”⑤

1911年12月7日，清政府已经无力抵挡剪辫运动的革命力量，不得不发布上谕：“凡我臣民，均准其自由剪辫。”⑥民国成立后，剪辫之举已成革命行动，因为辫子不只是清专制统治的象征，还是落后于世界民族之林的标记。对于剪辫运动所遇到的困难，可分析：异族的统治使清代汉民对先秦至明代束发挽髻的本民族习俗已经淡然，相反，剃发蓄辫已被满人同化，视为

---

① 《一再之剪辫大会》，《汉民日报》1911年11月29日。
② 《剪辫之风潮》，《越铎日报》1912年1月18日。
③ 《阿Q正传》，《鲁迅全集》第一卷，人民文学出版社，2005年。
④ 《剪发风潮之剧烈》，《汉民日报》1912年3月6日。
⑤ 林瑞辅：《宁波光复新历记》，《辛亥革命回忆录》第四集，文史资料出版社，1963年。
⑥ 《宣统政纪》卷四一。

本民族习俗加以维护。1912年3月5日，南京临时政府才颁发孙中山《大总统令内务部晓示人民一律剪辫文》之命令："满虏窃国，易吾冠裳，强行辫发之制，悉从腥膻之俗，当其初，高士仁人，或不屈被执，从容就义；或遁入淄流，以终余年，痛矣！先民惨遭荼毒，读史至此，辄用伤怀！……今者满廷已覆，民国成功，凡我同胞，允宜涤旧染之污，作新国之民，兹查通都大邑，剪辫者已多，至偏乡僻壤，留辫者尚复不少，仰内务部通行各省都督，转谕所属地方……于令到之日，限二十日，一律剪除净尽，有不遵者，以违法论。该地方官毋稍容隐，致干国纪。又查各地人民，有已去辫尚剃其四周者，属殊不合，仰该部一并谕禁，以除虏俗"[①]。

然而，对于普通民众的剪辫，辛亥革命前后，革命党人和政府都没有采取极端镇压措施。上海军政府《通令军人剪辫告示》："对于普通人民，剪辫与否，原可听其自然，不以政令干涉，而军人为齐民之表率，肩光复之巨任，不能稍事姑容。"清末民初的民众剪辫虽然也明确规定不剪辫属违法，但事实上并没有推行，虽然也出现了强制剪辫的现象，但并不能代表政府行为，也没有因此而断送性命的，这与清初满族统治者的血腥镇压和屠杀形成鲜明对比。民众的剪辫行动实际上存在一定的自由度，需要在思想上缓慢接受，其过程历经半个世纪的漫长岁月[②]。

但值得肯定的是，在江南及全国轰轰烈烈展开的剪辫运动体现的是除旧布新的思想及观念的改良，是移风易俗的外显形式，追求民主、平等、自由。近代中国人在政治思想及审美观

---

① 《中国近代史资料丛刊·辛亥革命》第8册，上海人民出版社，1957年。
② 《辛亥革命在上海史料选辑》，上海人民出版社，1966年。

念两个方面发生了前所未有的变化，剪辫运动对江南及全国政治、经济、文化促进的积极意义是有目共睹的。

二、中山装的兴起

（一）中山装的由来及流行普及

辛亥革命推翻了清政府的统治，民国建立后，民主氛围高涨，关于服饰变革的呼声强烈“民国新建，亟应规定服制，以期整齐划一。今世界各国，趋用西式，自以从同为宜”。

1912年1月1日，中华民国成立，中华民国临时大总统就职典礼在南京总统府举行，孙中山就职中华民国第一任临时大总统。仅从服饰的角度考虑，孙中山先生所着中山装对江南地区及全国各地人民产生了深远影响。民国初年因此兴起“中山装”热潮，并在民国男子服饰中地位显赫。

关于中山装的由来及象征意义，据《红帮服装史》[①]一书介绍：

> 孙中山在日本期间，恰逢宁波裁缝在日本开拓兴业之时。……这时候，正是张尚义的孙子张方诚一辈兴旺发达之时。……孙中山曾偕黄兴等革命同志在工作之余常去张氏的同义昌呢绒洋服店，将创制中国新服装的意图托付给张方诚等服装界的华侨。这批在日本服装界颇负盛名的裁缝，根据孙中山、黄兴等人的意见。采取西装造型和制作技术，参照日本学生装、士官服的改革思路，融入中国的服饰文化传统，根据中国人的体形、气质和社会生活新动向，试制了初期的中山装：直翻领、胸前7粒纽扣，4个口

① 季学源、陈万丰主编：《红帮服装史》，宁波出版社，2003年，第57页。

袋，袖口3粒钮，经孙中山先生试穿，得到了各方面人士的肯定。从试制的中山装开始，每个细部都有其特定的新文化内涵。

1928年3月《中央日报》载有国民党内政部批示，要求部员一律穿棉布中山装[①]。同年4月《中央日报》又载有首都市政府之规定，职员“一律着中山装”[②]。1929年4月，第二十二次国务会议议决《文官制服礼服条例》中明确规定：“制服用中山装。”[③]1933年1月，提倡使用国货之风盛行，国民党中央委员会执行委员陈肇英向政府建议“重厘服制，以定人心，顾及本源，以崇国货……文职公务员党员须一律着用国货中山装”[④]。1934年，中山装风行一时[⑤]。1935年，对于中山装及选用国货的重视程度进一步提升。南京特别市政府规定“办公时间内一律穿着制服”，中山装质料“必须国货”[⑥]。1936年2月，蒋介石下令全体公务员统一着中山装[⑦]。中山装得到最广泛的普及[⑧]。

综上所述，中山装吸收了欧美、日本等国服饰立体裁剪的特点，同时保留中国传统和谐的风格。中山装从服饰角度很准确地诠释了孙中山三民主义的革命思想。衣前设计了上下左右十分对称的四个口袋，象征着中国传统文化中的“礼、义、廉、

① 《薛内长的谈话》，载《中央日报》，1928-03-28。

② 《地方通信·南京》，载《中央日报》，1928-04-09。

③ 内政部年鉴编纂委员会：《内政年鉴》第4册，商务印书局，1936年。

④ 《陈委员肇英提议重厘服制严用国货案》，载《国立中央大学日刊》，1933-03-01。

⑤ 刘超然等修、郑丰稔等纂：《崇安县新志》卷六《礼俗·风俗》，崇安县志委员会，1942年铅印本。

⑥ 《生活化军事化生产化艺术化推行第一期工作计划》，见首都新生活运动促进会编印《首都新生活运动概况》，1935年。

⑦ 《蒋院长令饬公务员穿制服》，载《中央日报》，1936-02-19。

⑧ 以上按张宪文等著《中华民国史》（四卷本），南京大学出版社，2005年。

耻”，提醒世人，勿忘美德；胸前一排五粒纽扣，象征着孙中山的五权分立，即行政权（行政院执行）、立法权（立法院执行）、司法权（司法院执行）、考试权（考试院执行）、监察权（监察院执行），五权分立，互不干扰，警喻世人，勿忘宪法；袖口处特意设计了三粒并排的纽扣，象征着孙中山三民主义（民族、民权、民生）革命思想，中山装的设计制作无处不凝聚着孙中山革命的心血。孙中山先生率先穿着后，新潮进步人士争相穿着，中山新装成了当时最为流行的服饰。

中山装的流行，催生了红帮服饰流派，并成为该流派的主要男装品牌，经过了不断的探索和创新，并没有因为中华民国的结束而退出历史舞台，相反，新中国成立后，中山装重新焕发了强大的生命力，并很快适应了寻常百姓的服饰需求，它做工简单，对面料几乎没有要求，平时当作便装穿，休闲不失稳重，重要场合当作礼服穿，正式不失潇洒。因此，中山装的爱好者人数稳步上升，甚至在20世纪50年代一度形成了中山装热。出于对中山装的喜爱，人们在中山装的基本样式下进行了再创新，设计出了“人民装”。人民装的特点在于，尖角翻领，单排扣，不失中山装的庄重、儒雅。后来出现的“青年装”、“军便装”、“学生装”等，都是依托于中山装的款式特征，这些服饰基本上都是在中山装的基础上，结合当时穿着对象的特点进行的二

图5-14 红帮名家张兴德所制中山装（宁波服装博物馆提供）

次创新。其中最具代表性的便是领子的变化，领口逐渐开大，翻领由小变大，把喉头彻底解放出来。由红帮传人田阿桐设计的“毛式服装”是中山装二次革新过程中最为成功、最为显著的案例。由中山装衍生而来的服装还有“干部服”、军队服装等。

（二）中山装的服饰性能及美学特征

1. 服饰的干练性及遒劲美

中山装的造型一改中国男性传统服饰特点，上衣下裳及清代的长袍马褂等式样。干练性是其区别于中国男性传统服饰的重要特性之一。从形制上看，中山装为上衣下裤，配套穿着，且使用纽扣相连，突出简单而方便的干练性。立体裁剪的融入，即采用了省道及分片裁剪的形式，使得中山装的样式合体，便于运动，面料风格为挺括、平整、朴素，显示其内敛、沉静、干练，给人一种阳刚之气和遒劲美。

除了服装形制及剪裁方式外，中山装的细节造型也体现出其干练性及遒劲美。第一，领子为立领，围颈一周，以下端隐形风扣连接，端庄无余褶。领内因附衬垫，故领型坚挺俊秀；第二，门襟直线居中而开，直上直下，大气干练，且使用纽扣，一改传统服饰的偏襟系带及清代服饰的盘扣；第三，口袋方正，袋盖端庄，整体稳重对称；第四，明线工艺硬朗，无论是领子外沿，还是门襟、袋盖边缘均压明线，起到了画龙点睛的作用。

2. 讲究节约性及质朴美

中山装的节约性表现如下：第一，场合及季节，中山装适合礼仪、工作、日常等多种场合穿着，也适合一年四季各个季节穿着，达到一衣多穿的特点；第二，款式，中山装的款式为简约干练的紧身式造型，长短适宜，大小适中裁剪用料较传统服饰的宽襟大袍自然节省不少，没有因面料打褶或堆砌而形成的浪费；第三，面料及内衬的朴素，中山装的面料选择上，仅礼服之用会选择毛呢等较为昂贵的面料外，一般工作、生活等场合基本以棉布、卡其、化纤、混纺等非昂贵织物为主。这些面料的耐磨性、固色度、舒适性、易洗性等均占有优势。另外，除了礼服用中山装需要较为讲究的里衬、胸衬和领衬外，其他场合穿着的中山装这些均可省去不装；第四，染色，中山装在色彩的运用上，通常以深色为多，蓝、灰较为普遍，这几种颜色的染料易得易染，固色度稳定，价格优惠，降低了面料成本；第五，口袋，中山装的口袋方方正正，上面两个口袋相对小些，下面两个口袋较大，四个口袋均设有袋盖。不但起到大气而庄重的装饰效果，其实用性即容纳性更为突出，如上面两个口袋可插置钢笔，方便随时取用，下面两个大型口袋则可存放记录本、纸张等办公或日用品。袋盖的实用性主要为防止物品外露或散落遗失。

从以上五点，不难看出，中山装的质朴美显而易见，其中颜色的质朴、用料的质朴最具代表性。

3. 中西融合性及时尚美

中山装诞生于辛亥革命前后，革命志士、知识分子的思想中西融合，红帮裁缝的技艺理念中西融合，必然诞生中西融合的时尚服装，中山装是男装中中西融合的典型。

关于中山装的中西融合性及时尚美，主要体现在以下两个方面：第一，款式，中山装的款式为精炼的短款，长度上融合采用了西装的长度，穿着上灵活方便，适合快节奏的生活方式，与西装相比，并不逊色，时尚感强。一改传统长袍类服饰的繁琐拖沓，口袋的款式吸取了西装口袋的特点，但却提升了其实用功能，也增加了中国传统对称的传统美感和时尚感；第二，裁剪，中国传统的服饰没有省道运用，也没有圆装袖的分离裁剪方式的运用。这两点均来自西方，也均被中山装的裁剪方式所运用，但袖子的裁剪上，加大了一定的量，使之穿着更加舒适和随性，也满足了内部可穿毛衣的实用功能。西装的领口是敞开的，这一点中山装没有采用，而是采取了闭合式样的小立领，既不失西装的挺拔俊朗之美，也具有中国风格，同时，提升了服装的实用性和穿着上的方便性。

三、西装的流行

（一）西装款式的引进

随着清朝的闭关锁国政策被打破，中国对外开放程度的不断加深，中西方经济贸易人员交流日益频繁，西方的文化在中华大地上得到了广泛的传播，中国的服饰文化也不可避免地受到了一些影响，其中影响最大的莫过于西装的引进。随着中外交往日趋密切，越来越多的外国人士涌入中国，他们或在通商口岸开设洋行，或深入到内地传播西方教义，或在中国投资设厂等。不论其目的如何，这些人游走在中国的大地上，几乎是清一色的西装革履，足登皮鞋，颈结领带。随着中外人员交流的日益加深，西装文化慢慢地被中国人所熟识和认可。作为典型的“舶来文化”，西装、皮鞋、领带首先穿着在外国商行里的买办身上，而后扩展到与洋行贸易频繁的中国商人身上，19世纪末20世纪初，许多出国留学的中国学生也开始穿着西装、皮鞋、领带。

民国时期，上海男子穿着西装者甚多。尤其是青年学生、教师、洋行及公司、机关人员。具体款式为翻驳领、双排扣，也有单排扣，胸部设有手襟袋，腰部收身。西装在政界更为普及，其整体形象为：主服为西装，首服为礼帽、足服为皮鞋，另配拐杖。西装不单为男子专利，一些民国女性也穿起了西装，以知识女性为先。本节下文将以秋瑾女士为例介绍“女着男装”。

（二）中西结合的服饰现象

据大量传世旧照可见，19世纪后期，西洋人穿西装、中国人穿长袍马褂，互不影响。而20世纪上半叶，中国面临“变服”改革，西装随着西方文化的渗入被越来越多的中国人所接受。有人提出：“合古今中外而变通之，其唯改易西装，以蕲进于大同矣。既有西装之形式，斯不能不有所感触，进而讲求西装之精神。”①

1929年4月16日，由南京国民政府颁布的《修正服制条例草案》出台。该草案共三章九条。梳理其男装核心内容如下：

第一，礼服：其中第一章第三条是关于礼服的规定。《条例》规定男子礼服：其一，褂，具体要求“齐领对襟，长至腹，袖长至手腕左右，及后下端开，质用丝、麻、棉、毛织品。色黑，纽扣五”；其二，袍，具体要求“齐领，前襟右掩，长至踝上二寸，袖与褂袖齐，左右下端开。质用丝、麻、棉、毛织物，色蓝，纽扣六”；其三，帽，具体要求：冬式凹顶软胎，下沿略呈椭圆形，质用丝、毛织品，色黑。夏式平顶，硬胎，下沿略呈椭圆形，质用草帽缏，色白；其四，鞋，具体要求：质用丝、棉、毛织品或皮革，色黑。礼服需“采用国际间通用礼服”。

第二，公务员的制服：第二章第二条，男公务员制服为：其一，衣，具体要求“齐领方角，对襟，长过腹。左前襟缀暗袋二，右前襟下端缀暗袋一，袖长至手腕”。质用朴素之丝、麻、棉、毛织品，“色冬黑夏白”，纽扣五个；其二，裤，裤长及踝，质地、颜色均须与上衣相配套；其三，帽，帽与礼服帽相同，四外套，外套“翻领，对襟，长过膝，袖长与衣袖齐”。质用丝、麻、棉、毛织品皆可。

① 《辛亥革命前十年间时论选集》，第一卷下册，三联书店，1960年，第748页。

图5–15　毛泽东中山装（原制作人按1∶1复制，宁波服装博物馆提供）

第三，衣料：第三章附则四条，其一，公务员制服须采用国产衣料制作；其二，外交官、法官、军人、警察、学生和其他公务员之制服如“有特别规定者，得从其规定”，惟帽徽必须用国徽；其三，公务员在举行典礼时，着用“本条例规定之何种服制”，则由主管机关长官“临时定之”。

值得补充的是，“日式学生装”，即一种休闲西便装，在广大知识分子和青年学生中穿着普及。这种休闲西便装非翻领结构，设计成为窄而低的独立领，穿时以纽扣系，省却了领带及领结。衣身左上方胸前设明袋，衣身左右下方设对称暗袋。

综上所述，民国男子对西装的认可度越来越强，穿着人群呈上升趋势，服饰特征出现中西结合共存之现象。都市官吏、洋务买办、知识分子最为普遍，将长袍、西裤、礼帽、皮鞋、墨镜、拐

图5–16　中式传统对襟男式上衣（宁波服装博物馆提供）

杖、怀表结合穿着者甚多。将民族风格及西洋气息融会贯通。中西结合的服饰现象产生，而穿着群体中的中西结合现象更为普遍，这在传世旧照中显而易见。

第三节 改装换容的摩登都市女装

民国时期的上海，舞女、妓女服饰最为大胆和创新，成为时尚弄潮儿，其着装得到各阶层女性的效仿。另外，上海电影业非常强大，从电影公司数量上看，20世纪30年代中国约有一百七八十家，而上海就有一百四十家之多，上海因此被称为“东方巴黎”，上海的电影业之强大诞生了好几家巨型大电影公司，也打造出民国时期的“电影皇后”胡蝶、民国四大美女

图5-17 “电影皇后”胡蝶①

图5-18 “金嗓子”周璇②

①② 原载于王开林《民国女人：岁月深处的沉香》，东方出版社，2013年。

之一阮玲玉等电影明星，她们的着装对服饰的流行起到了重要的引领作用，而政界女士及社会名媛的着装形象也同样影响着流行风尚。

一、服饰陋习的废弃及新生服饰的产生

（一）放足运动及竞技服饰

从南唐后主李煜的嫔妃窅娘为获取娇宠而以帛缠足，先是通过宫中舞女效仿，然后贵族传播，这一陋习竟被历代封建女性所接受和模仿。至清末民初已有千年之久，封建时期的女性饱受缠足之苦，也充分体现出男性社会中女性的卑微地位。

清末，以宣传男女地位平等为目的的“不缠足会”在广州成立，其创办者是康有为。孙中山领导的辛亥革命使得清朝封建政府被推翻，新的观念拥有了可供其成长的土壤，思想解放及女权运动应运而生，繁琐的衣冠制度被废弃，缠足陋习逐渐退出历史舞台。妇女走出男性社会的重重束缚，获得经济独立及婚恋自由的权力，不再以男人为中心，不再困于闺阁之中，而是选择了走进学堂接受教育、追求科学，步入社会尝试工作。

清末民初，女性的放足运动可谓轰轰烈烈展开，成为社会文明的象征。女孩子不再缠足，一双天足任其自然生长，已缠足的妇女也陆续解开缠脚布，放开双足，至此结束了在中国存在千年之久的畸形审美观，中华女性终于可以展现纤足健康之美，告别“小脚一双，泪水一缸”的悲惨、耻辱命运。在这一特殊历史时期，出现了缠足后又放足的特殊脚型——如白薯状，却亦成为民国初年的女性流行形象。由于放足运动的全面展开，才为之后风靡时尚的海派旗袍、西式高跟鞋、长筒丝袜等流行奠定了基础。

图5-19 民国时期嘉兴天足及放足女子及小孩合影(范笑我提供)

民国时期,田径、球类、游泳等西方现代竞技体育运动传入中国,并被中国人所接受和喜爱。伴随着放足运动,女性开始进入体育运动行列,相应的竞技运动服装也随着应运而生,另外,运动风格的休闲轻便服装也被女性广泛接受。体操服、球类服、泳装等专业竞技服自然而然地成为女性运动的必备服饰;而日常生活中的女性服饰也多了运动风格的加入,这一点在当时迎合了国际服装流行趋势,更适应日常休闲场合穿着,尤其是针织短款上衣尤为流行,由于其具有紧身且舒适的特点,故得到众多民国女性的青睐。著名影星胡蝶对此类服装也情有独钟。

(二)天乳运动及内衣发展

民国之初,女子内衣依然没有摆脱明清式样——抹胸,即中国封建时期女子长期使用的束缚乳房的贴身内衣。这种内衣之所以在封建社会长期存在,不包括唐代女性的襦裙服,是由于受到男性社会封建思想的制约和社会观念的影响。女性饱满健康的双乳不加遮掩将被视为“淫荡”，故封建时期的少女乳房发育成熟后，以布束之成为必然。

从服饰生理学角度考虑，女性经历了长期束胸，必然导致其胸部变形及各种乳腺疾病，女性自然体态也会受到直接影响，甚至影响生育。

伴随着放足运动的民主、科学之风，“天乳运动”也于20世纪20年代登上历史舞台。民国妇女开始解脱下束缚胸部的白布带，干脆不穿内衣，女性乳房终于可以自由呼吸和生长。“天乳运动”与“放足运动”均体现出对女性身体的解放，从而映射出女性地位的提升。

“西风东渐”的民国时期，妇女的审美观念发生了翻天覆地的变化，西洋女子束腰凸胸的曲线造型得到民国女性的认可和迅速而广泛的模仿，女性无论穿着文明新装还是海派旗袍，表现其性感曲线身体造型成为审美标准和着装者的追求目标。而对于胸部发育不良或者因为长期束胸而导致胸部扁平的女性来说，西式乳罩成为其每日着装的必需品，用以弥补女性身体上的缺陷。西式乳罩，尤其是经过填充物填充的乳罩，其功能已完全区别于束胸布带，作

图5-20　体现“天乳运动”的形象（民国广告，海宁谢氏艺术收藏馆提供）

用与之相反，就是为了强调和完善女性的胸部造型，增强女性的曲线美。西式胸罩大受民国女性的喜爱而被广泛应用。

“天乳运动”的作用不仅仅局限于解放了对女性身体的长期束缚，同时也推动了女性内衣业的发展，与之相关的服饰品，诸如吊带衫、西式睡衣等都在民国时期得到发展和应用。值得一提的是，西式内衣与中式内衣之间产生了相互交融的改良和设计。例如，有一种胸衣的款式为西式肩带，但开襟却为中式侧面开襟。

二、西风东渐的新生服饰现象及盛况

（一）文明新装

民国初年，女子着装受到众多留日学生着装风格的影响，女子多着仿西衫袄与长裙。袄衫领型为高领，连袖裁剪，腰部收拢，造型修长紧身，颜色朴素单一，不施质纹，多为白、蓝、黑色。发型为额前刘海，齐颈短发。手镯、戒指、簪钗等饰物多省弃不戴，彻底区分于清代服饰的繁缛。这就是典型的“新女性”形象，被称为“文明新装”。另外，下身不仅限于搭配长裙，还搭配有过膝短裙、长裤等。从服用功能上看，裤装具有行走方便、符合潮流等特色，故得到民国各个阶层女性的普遍认可和青睐。

图5-21 20世纪20年代文明新装（上海纺织服饰博物馆收藏，吴昊天摄）

图5-22　林徽因照①

图5-23　董竹君照②

（二）奇装异服

20年代末，西风渗透明显，服饰风格骤变，华丽之风盛行，“奇装异服”成为西风东进的必然产物。江南地区的上海、南京、杭州等地女性服饰风格西化之风愈演愈烈，时尚女性纷纷追新求异。

首先，女子的“上袄下裙”风格发生了变化，通常运用彩绣工艺进行装饰。从袄衫的长度上看，有长短之分，长款一般底摆过臀围线，高至脸颊的立领、窄袖；短款一般底摆仅至腰围线，低领、宽袖。袄的底摆形状较为丰富，受流行影响而变化，常见有直角、圆角、半圆弧型。姜水居士《海上风俗大观》载：“至于衣服，则来自舶来，一箱甫启，经人道知，遂争相购制，未及三

①② 原载于王开林《民国女人：岁月深处的沉香》，东方出版社，2013年。

日，俨然衣之出矣……衣则短不遮臀，袖大盈尺，腰细如竿，且无领，致头长如鹤。裤亦短不及膝，裤管之大，如下田农夫，胫上御长管丝袜，肤色隐隐。……今则衣服之制又为一变，裤管较前更巨，长已没足，衣短及腰。”①依传世照片及实物看，当时着装的确如此，最突出特点为上袄窄小，领口很低，袖短露肘，袄衫底摆为弧形，为提高其装饰性，衣缘部常施绣花边，裙子也由长裙变短，至膝下部位，结构上摒弃了折裥工艺，裙身呈自然下垂状。大花纹面料通常采用的花纹为牡丹、梅兰、菊花、海棠等。

然而，纷繁变幻的“奇装异服”，却不能被所有人接受，相对保守者并不认可，或者说十分反对女子违背传统的着装。1917年5月18日《上海时报》就载有一篇嘲讽性评论：“近来女界中流行一种女服，则衣无领，而秃颈也……今日秃颈，则不久将呈其玉雪之胸背。”但此文丝毫没有影响服装潮流的继续发展。1918年5月14日，《上海时报》又登载了一篇发送给江苏省公署的公函，其作者是上海县议员江确生，公函就上海女性服饰流行问题大加抨击：“妇女流行一种淫妖之时下女服，实不成体统，不堪寓月者，此等妖服始行于妓女，夫妓女以色事人，本不足责，乃上海之各大闺秀均效学妓女之时下流行恶习。”且不说江确生的古板与保守，就其抨击内容可见当时女性服饰流行的状况，其可变性、时尚性都是前所未有的。1931年3月22日的《大公报》载有《初春的上海沪上新装》一文：“全国妇女的装饰多由上海创始，而上海的妇女服装又差不多总是由几个爱出风头的女妓们开风气之先，所以若讲时髦非从此探求不可，最近时髦的服装，是桃红、外国红的呢或缎制的旗袍，下边随个人喜欢，缀些花边，这些触眼猩红的颜色，衬在暗色的外衣里的确非常夺

① 华梅：《中国服装史》，中国纺织出版社，2007年，第117页。

目……”该文阐述了上海是全国的时尚中心，且明确了时尚弄潮儿的领跑者，还对当时女性流行服装的颜色、面料、装饰给予了关注。

（三）女尚男装

在中国服装史上，唐代思想开放，故女性服饰绚丽多彩，其特色之一便是女着男装，即女子全身穿着男子的装束。而在中西思想交融、开化风气的民国时期，女性着装大胆，一改传统服制教条，不仅表现在海派旗袍等摩登造型及创新式样上，还体现在女性的服饰个性上——女着男装。走上社会工作岗位的妇女，为了更加适合工作环境及着装心理的需要，开始穿起长裤、剪去长发、梳起干练的短发，即“女着男装”，此种装束在民国时期成为一种时尚。

民国时期“女着男装”的“形象代言人”莫过于浙江绍兴女革命家秋瑾女士。1904年2月，在一次诗文座谈会上，秋瑾就以一身男装出席，大部分人都没看出来她是女士，日本女友服部繁子曾有描述秋瑾当时服饰形象的记录：“男式分头，斜戴着一顶黑色的鸭舌帽，盖住了半只耳朵，一套蓝色半旧的西装不尽合身，由于袖子太长，从袖口下只能稍稍看到纤细的素手，提着一根细手杖，又肥又大的裤子底下可以看见一双褪了色的茶色皮鞋，胸前垂着绿色领带。”① 秋瑾曾对服部繁子这样说：“在我们中国，男人总是逞强，女人却懦弱，一直受压迫。我总想使自己树立起男子般的自豪感，所以想先把外形打扮成男的，进一步直到内心也是男的。”②

从秋瑾的男性化服饰形象上看，体现出的是女性社会地位

① 黄士龙：《中国服饰史略》，上海文化出版社，2007年。

② 金炳亮：《民初女子服饰改革述评》，《史学月刊》，1994，(6)。

图5-24 身着男装的秋瑾①

图5-25 身着男装的秋瑾②

的提升。女着男装追求是一种秀俊帅气之美，女尚男装是呼吁男女平等的外显形式，体现的是女性迫切追求个性的张扬，要求获得自由及解放的思想。总之，女尚男装成为当时女性的着装时尚。

民国时期的女学生走进学堂、教会接受教育，通常发饰简约、服帖，且不化妆，有时还穿与男学生完全一致的学生装。

另外，剪裁合体的裤装在女性服饰中的普及也体现了“女尚男装”的审美风格。其穿着者以少女为多。裤装较裙装更休闲、方便，同时能增添女性的轻盈感、时尚感。款式特点为：裤长一般至裸露脚腕的长度，颜色参照上衣，一般取其同色系或对比色。

---

① 原载于叶文玲《鉴湖女侠——秋瑾》，作家出版社，1998年。
② 原载于周芾棠等辑《秋瑾史料》，湖南人民出版社，1981年。

(四) 服饰盛况

20世纪30年代，中国的沿海大城市中以上海为最，接收欧洲流行讯息相当便捷，欧美流行时装传入上海的周期为三至四个月，上海就成为全国各地的时尚标杆，模仿对象，因而成为名副其实的全国服装中心。其服装盛况可通过男女丰富的西式服饰、报纸杂志等媒体时尚报道、广告宣传、服装展演及发布会、一流的时装公司等得以体现。当时最为流行的服装款式均接收了西式风格，如婚礼服、连衣裙、茶舞服、套装裙、大衣、改良旗袍等，打破了中国传统服饰观念，凸显中西交融，涌现出一批本土时尚服装品牌和一流的时装公司，具有一定的影响力，其中上海静安寺路、同孚路一带"云裳"、"鸿翔"品牌最为出色。

关于服饰流行讯息的传播，上海的报纸杂志中以《上海画报》、《美术生活》、《良友》等为代表，纷纷开辟服装专栏，定期传递巴黎、纽约等国际时尚中心服装流行发布会信息。国内画家叶浅予等人的最新设计作品及时尚绘画也时常发表在以上报纸杂志上。月份牌及各类广告上的时装美女红极一时。另外，上海的服装展演频繁，各大服装公司、百货公司、纺织公司等通过这一形式进行宣传和推广，影响和带动流行风尚。影响服饰流行的另一个主要因素当属明星的着装，这一时期上海的电影业非常繁盛，电影中最吸引眼球的是女主角的时尚着装，均由时装设计专家精细设计①。电影明星的着装也自然成为民众追捧和效仿的对象。

《生活周刊》杂志载：1931年1月9日，"国贸时装表演"在上海大华饭店成功举办，这种时装表演在中国还是第一次，场面非常隆重，可谓一大盛事，在中国服装史上写下了浓重的一笔，具有一定的历史性意义。观众达三千人，时装表演展现了西式

① 刘百吉：《女性服装史话》，百花文艺出版社，2005年。

图5-26 著名女画家潘玉良自画像①

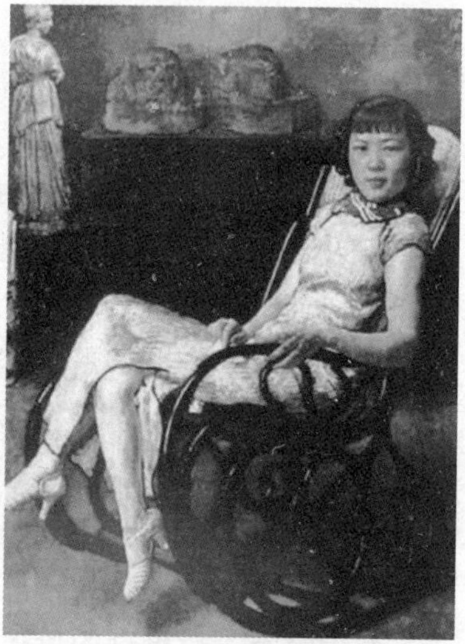

图5-27 孙多慈油画像(徐悲鸿作)②

风格服装,如西服、晨服、晚礼服、婚礼服等,同时也展示了中西交融风格服装,如改良旗袍等③。而当时的大明星,如胡蝶、王人美、阮玲玉等人身着充满创意的流行服饰登场则大大提升了这场时装表演的品位和影响力。此后,上海的时装公司及时装店每年纷纷举行时装表演,即时装发布会。最为典型的代表是"朋街"店,该店每年举行两季的流行时装发布会,除此之外,还注重服装的陈列设计,供客户观赏,接受定制。

三、海派旗袍的初创与发展

(一)"京派"与"海派"

旗袍最初为满族人的服饰,男女均穿着。清代称被编进

①② 原载于王开林《民国女人:岁月深处的沉香》,东方出版社,2013年。
③ 张竞琼:《中外服装史对览》,中国纺织大学出版社,2000年。

“八旗”的人为“旗人”，“旗袍”因此而得名。其款式特征符合游牧民族特色。清代，北京为旗人聚居地，至清末民初，旗袍均被囊括在“京派”之中，又有“京派旗袍”之称。其样式为袍身宽大、廓形平直、衣长至足，长袖，领缘、门襟、下摆等处镶滚工艺，材料以绸缎居多，衣身绣纹遍布，追求繁缛华丽，衣服的装饰美尤为突出，整件衣身造型呈现平面二维状。旗袍搭配坎肩、大拉翅或二把头、花盆底等穿着。

“海派”与“京派”是相对的两个词语。首先，“海派”一词可考于20世纪20年代，并非时尚人士所提出，而是北京一部分作家所为。“海派”一词最初的出现带有一定的讽刺和批判意味，讽刺和批判上海一部分文人的作品及风气。而这两个词语发展到后来，则成为代表中国南北方两种不同文化特色的形容词。当“海派”成为服饰的修饰词语，则没有了贬义，相反，成了褒义词。它代表的是起源于上海的旗袍时尚。

可以这样理解：“京派”具有传统性和继承性，“海派”具有创新性和西化性。“京派”的阶级性更为明显，继承性最为突出；而“海派”的民间传播性非常广泛，阶级性被淡化，商业性较浓，其时尚性尤为突出。

（二）海派旗袍的初创

辛亥革命后，“京派旗袍”样式随着“新文化运动”的步伐逐渐退出历史舞台，取而代之的是“海派旗袍”的兴起与繁盛。受西风影响的“海派旗袍”初始期为20世纪中后期，发源地在上海。“1926年，上海私立女子学校的一位女中学生将西洋服装制作中的‘收腰’工艺，植入了源自旗人的女装马甲、长裙上，形成了长及脚踝的雏形旗袍。”[①] 这成为“海派旗袍”的火种。

① 胡根喜：《海派时尚》，文汇出版社，2009年。

图5-28 京派旗袍——清末民初女子旗袍(宁波服装博物馆提供)

1929年,国民政府废止了清代的冠服等级制度,颁布《服制条例》,规定女服旗袍款式为:"齐领、前襟右掩、长至膝与踝中点,以裤下端齐,袖长至肘与手脉中点,色蓝,纽扣六。"旗袍样式已经完全脱离"京派旗袍"样式。其结构上依然采用平面裁剪的方式,但与以往不同的是:衣身的直线造型发生了改变,在腋下及腰部呈现收进之势,但腰部收进不多,下摆稍展开。虽然改变不大,但为海派旗袍的进一步发展奠定了基础。从石库门到花园洋房,不同职业、不同身份的女性纷纷穿着。海派旗袍的样式随处可见,电影、杂志、舞台、月份牌等都成为展示海派旗袍风韵的载体。

(三)海派旗袍的发展

30—40年代,迎来了海派旗袍的辉煌期。"海派旗袍"迅速而广泛地流行于上海,且风靡全国,直至今日仍令人回味无穷。“海派旗袍”不仅仅是上海或江南服饰文化现象，也成为中国近代女装的重要特色，女性的着装观念发生了前所未有的变化，中西交融，思想的开放，造型上立体性及款式的突破，裁剪及面料上的西化，搭配上的丰富表现等，使之在中国服饰史上地位显赫，可以说它是一次重大的服装变革，其意义不凡，海派旗袍的辉煌期亦成为中国近代女装最为璀璨的时期。随着海派旗袍的风靡，上海也在20世纪成为中国流行时尚的第一线。

“海派旗袍”的重大改变就是开始考虑女性的“三围”概念，注重自身曲线美的表达，一改“京派旗袍”的繁琐及平面装饰风格，向简单化、立体化方向发展。“海派旗袍”融入的是西方着装理念，体现出西方人对服装重造型之美，体现人体之美的观念，与中国传统服饰注重装饰之美、不突出展现人体美形成鲜明对比。在中国传统服饰中，当然也包括“京派旗袍”，其形制通常为宽衣型和离体式，着衣者的三围尺寸甚至可以忽略，根本不考虑西式服装中的三围概念，女性的胸围、腰围、臀围不予强调，通体矩形。而“海派旗袍”的出现，是对中国服饰观念的颠覆，是对西方着装思想的接收，也是对本民族服饰的改革。“海派旗袍”为日后旗袍形制树立了标杆，真正将人的尺度融入服装规格之中，服用者与服装的关系发生了彻底改变，合体、舒适的着装概念形成。

海派旗袍在款式上还进行了局部创新和突破，西化风格更为明显。例如，领子不局限于中式立领，出现了西式翻领、荷叶领，而袖子造型则出现了荷叶型、连肩型、开衩结构，袖子长短如长袖、中袖、短袖、无袖变化丰富，袖子的裁剪也从传统的连裁方式发展成为独立裁剪，立体装袖的方式，还采用了较软的垫肩。衣襟及底摆通过荷叶边、蕾丝花边的装饰等推陈出新，取替了“京派”旗袍的繁缛装饰手法，衣襟也有所突破，不限于单面开襟，还出现了左右同开的双襟造型。除此之外，穿着“海派旗袍”的女子通常搭配“舶来品”，如项链、西洋烫发，高跟皮鞋、玻璃丝袜、各色胸花、蕾丝手套、手表、绒线外套、西式马甲、西式短上衣、西式大衣、西式提兜、大波浪烫发、金丝眼镜、洋伞、贝雷帽等进行组合，还内着西式胸罩。另外，海派旗袍及西式大衣，不但受到西方流行讯息的影响款式新潮，还经历了长短不一的变化。

综上所述，可总结海派旗袍的以下特色，或说创新之处。第一，三维立体性，省道的运用，在衣身相应部位设置了胸省及腰省，以满足女性人体的凸凹结构，这一特色打破了中国传统服饰的二维平面性，由“京派旗袍”的重视装饰，转换为重视表现女性人体的自然曲线美；第二，性感时尚，京派旗袍宽大平直，内着长裤，而海派旗袍则不然，紧身束体，内着丝袜，大腿在开叉处外露，随着女性步伐忽闪忽现，非常性感和时尚，这一特色打破了中国传统服饰的保守封闭性；第三，面料更新，装饰从简。西方印花面料在海派旗袍上应用较多，方便，易于打理，装饰效果明显，但却较京派旗袍的丝绸面料上刺绣花纹及十八滚工艺简洁得多，更易于全民采用；第四，在裁剪上，打破了平面化的中式技术，取而代之的是西式的立体裁剪观念和技术。表现在旗袍上，最为突出的是肩缝的出现及袖片结构独立，短袖旗袍开始前后衣片分离，以肩缝连接，袖片从以往中式裁剪的连裁法发展到了独立裁剪，独立裁片与衣身袖笼相缝合；第五，服饰搭配更为丰富，“中西合璧”的搭配也应运而生。

1933年至1949年，国民经济受到战争影响，衰败萧条，国民大众服饰节俭，风格简洁素雅。

图5-29　单旗袍（宁波服装博物馆提供）

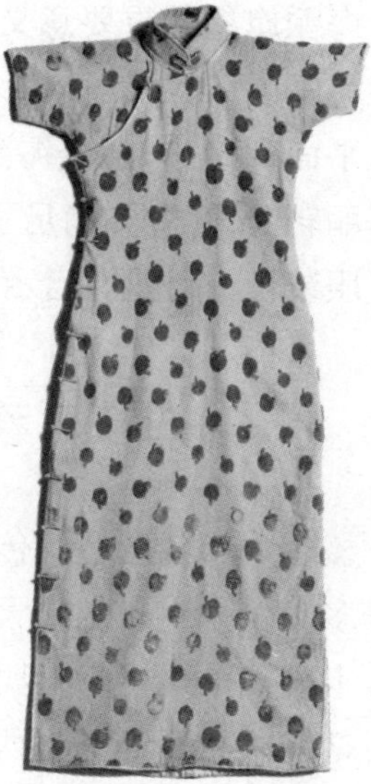

图5-30　夹旗袍（宁波服装博物馆提供）

图5-31　绣花软缎长袖旗袍（宁波服装博物馆提供）

海派旗袍的重要意义不仅仅在于款式上的改变，其精髓在于能将中国传统元素与西方时尚及技艺相结合，进而创新，完成了从平面到立体，从繁缛到简约，从渐变到骤变，从含蓄到性感的华丽转身，迎合和满足了广大国民女性的穿着及审美需求，对现代服装设计仍然有启示作用。

第四节　移风易俗之婚礼服饰

梳理中西各国历代传统婚礼服饰，反映本国传统文化特色者居多。在人生中的重大礼仪活动中，身着本民族传统服饰最符合本民族礼仪规范，但也有社会发展中西交融带来的变化，民国时期的婚礼服饰就是西风东渐、移风易俗的经典表现。民国时期，由于生活方式和审美的西化，改变了人们的传统观念，结婚仪式同传统婚礼相比有所改变，新娘新郎所着婚礼服饰，即时人所称的“文明结婚”服产生了前所未有的变化。归纳其有两种形式：亦中亦西式及男女皆西式。

一、亦中亦西式

民国时，女性在人生最隆重的场合——婚礼上改穿西式白色婚纱，或者仅佩戴头纱。但新郎的装扮却依旧保持中式的长袍马褂，胸前披挂大红花。婚礼并不像西方人那样在教堂举行，而是遵循中国传统，在家中举办。

民国时期，亦中亦西婚礼服饰的出现体现出这一时期的思想观念及文化习俗的嬗变。

在西方，白色具有的宗教意义，是纯洁的象征，这一点被西方人广泛接受，故西式婚纱多为白色，以象征纯洁的爱情。但在中国，红色具有喜庆、吉祥之意，故传统婚服离不开红色，且

图5-32　民国婚礼服（亦中亦西，范笑我提供）

新娘首服为红色绣花盖头，相反，白色多出现在丧服中。显然，中国和西方对颜色的喜爱相差悬殊。所以，民国时期的中国，虽然接受了西方文化的融合，但传统观念却并不能完全脱离人们的观念，所以，新娘在婚礼上着白色婚纱，是具有变革性及挑战性的。这一举措能否得到新娘新郎双方家长、家族、整个社会舆论的认可都不是一件容易的事情。

亦中亦西式的婚礼服饰在民国时期较为普遍，这一形式是向全西式的过渡，也恰恰为社会包容度的增强提供了时间。如，新娘着中式的上袄下裙，新郎着西装，扎领带、西式皮鞋；新娘着西式白色婚纱，新郎着中式长袍马褂。民国初期，著名学者章太炎与汤国梨的婚礼在上海哈同花园举行，章太炎的新郎服为黑色大礼服，高顶礼帽，新娘着大红缎衣裙及绣鞋。一西一中，正是当时最为流行、也可以被大部分民众接受的婚服样式。

图5-33　林徽因与梁思成结婚照①

图5-34　宋美龄与蒋介石结婚照（男女婚礼服皆西式）②

在江南，民国时期举行集体婚礼也成为一种潮流。如，1935年，由上海市政府组织的集体结婚上婚礼服饰的中西交融特点就体现得淋漓尽致，新郎着蓝色长袍、黑马褂、白手套，而新娘着粉色软缎旗袍，头上披白色西式婚纱，戴白色有花纹长手套，手捧鲜花。

二、男女皆西式

民国时期的婚礼服饰受到西方文化的浸润，表现得十分显著，除了亦中亦西式，还出现了干脆男女皆西式的婚礼服。在民国时期的上海等地，新娘多为全身着白色的西式拖地婚纱，手持鲜花。为体现曲线美，新娘的内衣也以西式胸罩代替了传统中式肚兜等内衣。新郎则深色西装、扎系领带、西式皮鞋。

综上所述，社会文化的融

① 原载于傅野《民国情事》，广西师范大学出版社，2010年。
② 原载于王开林《民国女人：岁月深处的沉香》，东方出版社，2013年。

汇与转变对该民族婚俗及相应的婚服都具有直接的影响。婚礼服的嬗变是一种载体，体现的是政治经济的发展、思想观念的解放。其实，婚礼服的半西化或全西化是随着婚礼及婚俗的西化而同时存在的，而婚礼及婚俗的西化是随着生活方式的西化而同时存在的。民国时期婚服的嬗变是中西文化碰撞后所产生的必然结果。

主要参考文献

上海古籍出版社、上海书店编《二十五史》,上海:上海古籍出版社,1986年。

(晋)干宝撰、曹光甫校点《搜神记》,上海古籍出版社编《汉魏六朝笔记小说大观》,上海古籍出版社,1999年。

(汉)赵晔撰《吴越春秋》,江苏古籍出版社,1993年。

(元)陶宗仪《南村辍耕录》,北京:中华书局,1959年。

(清)徐扬绘、陈婧莎撰文《中国风俗画稀世珍品——姑苏繁华图》,北京:中国青年出版社,2014年。

俞纪东译注《越绝书全译》,贵阳:贵州人民出版社,1996年。

杨宽《战国史》,上海:上海人民出版社,1955年。

白寿彝总主编《中国通史》,上海:上海人民出版社,1999年。

金普森、陈剩勇主编《浙江通史》共12卷,杭州:浙江人民出版社,2005年。

华梅《中国服装史》,北京:中国纺织出版社,2007年。

张荷《吴越文化》,沈阳:辽宁教育出版社,1991年。

刘文、凌冬梅《嘉兴蚕桑史》,杭州:浙江工商大学出版社,2013年。

张宪文等《中华民国史》(四卷本),南京:南京大学出版社,2005年。

金开诚主编,魏永康编著《良渚文化的玉器》,长春:吉林出版集团有限责任公司:吉林文史出版社,2009年。

朱金坤总主编《神圣与精致:良渚文化玉器研究》,杭州:西泠印社出版社,2010年。

余杭博物馆、良渚博物院、宁波博物馆编《良渚玉韵》,宁波:宁波出版社,2012年。

杨伯年主编《中国玉器全集》(上中下),石家庄:河北美术出版社,2005年。

周南泉主编《中国玉器鉴赏图典》,上海:上海辞书出版社,2007年。

洪焕椿编著《浙江方志考》,杭州:浙江人民出版社,1984年。

中国江南水乡文化博物馆编《考古余杭》,杭州:西泠印社,2014年。

徐吉军《南宋都城临安》,杭州:杭州出版社,2008年。

黄能馥主编《中国南京云锦》,南京:南京出版社,2003年。

华梅《中国近现代服装史》,北京:中国纺织出版社,2008年。

魏采苹、屠思华编著《吴地服饰文化》,北京:中央编译出版社,1996年。

宁波市文化广电新闻出版局编《甬上风华:宁波市非物质文化遗产大观》,宁波:宁波出版社,2011年。

朱金坤主编《饭稻衣麻:良渚人的衣食文化》,杭州:西泠印社,2010年。

杭间、郭秋惠《中国传统工艺》,北京:五洲传播出版社,

2006年。

季学源、陈万丰主编《红帮服装史》，宁波：宁波出版社，2003年。

冯盈之《宁波服饰文化》，杭州：浙江大学出版社，2010年。

陈永昊、陶水木主编《中国近代最大的丝商群体：湖州南浔的“四象八牛”》，杭州：浙江人民出版社，2001年。

孙佩兰《吴地苏绣》，苏州：苏州大学出版社，2009年。

崔荣荣、张竞琼《近代汉族民间服饰全集》，北京：中国轻工业出版社，2009年。

嘉兴市文化局编《马家浜文化》，杭州：浙江摄影出版社，2004年。

嘉兴市文化局编《崧泽·良渚文化在嘉兴》，杭州：浙江摄影出版社，2005年。

王国平主编《苏州史纲》，苏州：古吴轩出版社，2009年。

尹文、许明星编著《江南民间刺绣》，南京：东南大学出版社，2011年。

史全生《中华民国文化》，南京：南京出版社，2005年。

戴健《南京云锦》，苏州：苏州大学出版社，2009年。

金文《南京云锦》，南京：江苏人民出版社，2009年。

赵丰、徐铮《锦绣华服——古代丝绸染织术》，北京：文物出版社，2008年。

袁宣萍《西湖织锦》，杭州：杭州出版社，2005年。

阮仪三《江南六镇》，石家庄：河北教育出版社，2002年。

包燕丽、于颖《顾绣》，苏州：苏州大学出版社，2009年。

严其林《镇江史要》，苏州：苏州大学出版社，2007年。

张竞琼《西“服”东渐——20世纪中外服饰交流史》，合肥：安徽美术出版社，2002年。

季羡林、陈昕《长江文化议论集》,武汉:湖北教育出版社,2004年。

黄强《中国内衣史》,北京:中国纺织出版社,2008年。

刘志琴主编《近代中国社会文化变迁录》第二卷,杭州:浙江人民出版社,1998年。

陈华文等《浙江民俗史》,杭州:杭州出版社,2008年。

张铁宝、袁蓉、毛晓玲《太平天国文化》,南京:南京出版社,2005年。

南京十朝历史文化园编《图说南京十朝历史文化》,南京:南京出版社,2012年。

赵丰主编《中国丝绸通史》,苏州:苏州大学出版社,2005年。

林锡旦《太湖蚕俗》,苏州:苏州大学出版社,2006年。

朱新予主编《中国丝绸史》,北京:中国纺织出版社,1997年。

袁宣萍、赵丰《中国丝绸文化史》,济南:山东美术出版社,2009年。

陈永昊、余连祥、张传峰编著《中国丝绸文化》,杭州:浙江摄影出版社,1995年。

杨力编著《中国的丝绸》,北京:人民出版社,1987年。

佘德余《浙江文化简史》,北京:人民出版社,2006年。

柯平《文化浙江》,杭州:浙江文艺出版社,2005年。

冯盈之《宁波服饰文化》,杭州:浙江大学出版社,2010年。

袁宣萍、徐铮《浙江丝绸文化史》,杭州:杭州出版社,2008年。

后　记

自本书的孕育阶段，我就在思考，第一，一定要写出江南服饰的独特性；第二，要区别于《中国服饰史》。因此，在成书过程中遵循两个原则：第一，逻辑思路，除了民国时期（因为民国时期的南京、上海等江南城镇的服饰形象引领着全国的时尚潮流，极具代表性）每章分节不以男装、女装为依据，因为诸多的中国服饰史著作中，很多知名专家、学者已经以此为思路阐述得非常清楚了，已经概括了全中国的不同时代的男女服装特色，自然也囊括了江南。故而《江南服饰史》在成书过程中，每一章均选择能凸显江南服饰特色的事项来写，如刺绣、织锦、缂丝、蚕桑、贸易往来等，但要围绕服饰来写，以便再区别于江南纺织史。军警服饰因地域性不是很突出，故而不涉及。第二，图文并茂，服饰是文化的载体，是有形的艺术。因此，形象性亦为本书重要特征之一，在本书的写作过程中，作者赴江南各地寻觅服装及服饰品实物、老照片等。在数千张图片中精选出数百张，增强了本书的生动性和可读性。

本书的写作是一个反复推敲、反复整改的过程。在资料的查找阶段，我首先翻阅了《二十五史》及《浙江通史》，之后陆续查阅了大量书籍及文献资料，其中《中国服装史》、《中国玉器全集》、《马家浜文化》、《良渚玉韵》、《良渚文化的玉器》、《神圣与精致：良渚文化玉器研究》、《饭稻衣麻：良渚人的衣食文化》、《中国南京云锦》、《南京云锦》、《苏州史纲》、《吴地服饰文化》、《考古余杭》、《南宋都城临安》、《吴越文化》、《六朝古都南京》、《崧泽·良渚文化在嘉兴》、《中华民国史》、《红帮服装史》、《宁波服饰文化》、《文物》、《吕师孟墓金银器考察》、《古代越人的拔牙习俗》、《晚明到清中叶时期中国与西班牙美洲的丝绸贸易》、《从丝绸之路到陶瓷之路》、《明清时代江南市镇研究》等均常拜读借鉴。成书过程中得益于许多专家、学者的观点，在此表示衷心的感谢！

付梓在即，我要由衷地表达内心的感激之情。

感谢给予该书立项的江南文化研究基地和浙江省哲学社会科学规划办，感谢我的导师华梅教授，先生不但为本书作序，且在成书过程中，经常给予点拨，为该书提出很多宝贵建议。感谢一直关心本书进展，并给予资料支持及学术指导的嘉兴学院图书馆地方文献室陈心蓉教授、凌冬梅老师。

在调研过程中，得到了以下单位的支持，提供或拍摄了珍贵的第一手资料，一并表示感谢：良渚博物院、河姆渡遗址博物馆、中国江南水乡文化博物馆、宁波服装博物馆、苏州博物馆、苏州东吴博物馆、甪直水乡妇女服饰博物馆、江南大学民间服饰传习馆、上海纺织服饰博物馆、上海博物馆、上海市文物管理委员会、南京博物院、南京云锦研究所有限公司、南京总统府、南京太平天国历史博物馆、海宁谢氏艺术收藏馆、绍兴博物馆、萧山博物馆、宁波博物馆、湖州博物馆、张家港博物馆、嘉兴博物馆、桐乡市博物馆、海宁市博物馆、平湖市博物馆、海盐县博物馆、桐乡蓝印花布厂、南通蓝印花布博物馆、黄道婆纪念馆等。感谢为本书提供图片资料和帮助的个人：周伟民先生、骆晓红女士、崔荣荣先生、孔秋敏女士、高新天先生、吕芹女士、刘云峰先生、李渭钫先生、徐春雷先生、张根荣先生、张新根先生、范笑我先生、郭友南先生。还要感谢嘉兴学院服装专业学生(张淑蓉、凌喆、唐菡、崔筱婷、栗玲、何鹏、任池、许雯、张思婷、吴昊天、周畅、王立纬、马佳琴、吕淑颖、钟凯、刘庆飞、毕慧娟、胡佳洁、于光华等)利用暑期社会实践时间至江南各地协助调研。

最后,还要感谢我的父母、亲友、先生和可爱的女儿,为了保证书稿的进度和质量,对他们欠缺了必要的陪伴和照顾,却始终被理解和支持!

由于学术水平所限,不周之处,敬请读者指正!

刘　文

2015年圣诞夜于嘉兴

图书在版编目(CIP)数据

江南服饰史／梅新林，陈玉兰主编；刘文著．—上海：上海古籍出版社，2017.5
(江南文化史研究丛书)
ISBN 978-7-5325-8444-4

Ⅰ．①江… Ⅱ．①梅… ②陈… ③刘… Ⅲ．①服饰—历史—华东地区 Ⅳ．①TS941.742

中国版本图书馆 CIP 数据核字(2017)第 078412 号

江南文化史研究丛书
江南服饰史
梅新林　陈玉兰　主编
刘　文　著
上海世纪出版股份有限公司
上　海　古　籍　出　版　社　出版
(上海瑞金二路 272 号　邮政编码 200020)
(1)网址：www.guji.com.cn
(2)E-mail：guji1@guji.com.cn
(3)易文网网址：www.ewen.co
上海世纪出版股份有限公司发行中心发行经销
惠敦印务有限公司印刷
开本 850×1168　1/32　印张 8.625　插页 8　字数 242,000
2017 年 5 月第 1 版　2017 年 5 月第 1 次印刷
印数：1—1,800
ISBN 978-7-5325-8444-4
J·580　定价：48.00 元
如有质量问题，请与承印公司联系